AF503623

ANNUAIRE

DE L'ÉCOLE FRANÇAISE

DE PEINTURE.

Pygmalion et Galathée,

(Gravé d'après le Tableau de Mr Girodet)

ANNUAIRE

DE L'ÉCOLE FRANÇAISE

DE PEINTURE,

OU

LETTRES SUR LE SALON

DE 1819;

PAR M. KÉRATRY.

Ornées de 5 Estampes en taille-douce, d'après les Tableaux de MM. GIRODET, HERSENT, PICOT, HORACE VERNET, WATELET, et sur les Dessins fournis par les mêmes Auteurs, gravés par MM. F. MASSARD et A. LECLERC.

PARIS.

MARADAN, LIBRAIRE,
RUE DES MARAIS, F.-S.-G. N° 16;

BAUDOUIN FRÈRES, IMPRIMEURS-LIBRAIRES,
RUE DE VAUGIRARD, N° 36.

1820.

AVANT-PROPOS.

L'homme chérit ses souvenirs. Il vit plus dans leur société qu'avec ses prévoyances, et même qu'avec ses sensations du moment présent. Ce sont eux qui, à bien dire, constituent son être, et qui, unissant entre elles les diverses parties de son existence, lui donnent le sentiment le plus positif de son identité.

De-là ce goût de tous les peuples policés pour les arts d'imitation. Plus les connaissances sont élevées, plus elles dirigent la créature humaine vers des retours sur les faits qui lui sont personnels, ou qui ont importé à ses semblables. Ne pouvant s'élancer aussi souvent qu'elle le voudrait dans l'avenir, ne pouvant le soumettre à ses calculs, à ses espérances, ou à ses présomptions, elle se rejette sur le passé; elle s'en empare de toutes manières; elle l'évoque et le fixe: ainsi qu'elle a lié son existence par un répertoire, où sont consignées en elle-même ses propres actions, elle répète celles des autres, et les confie aux livres, à la pierre, à l'airain, à la toile, et à tout ce qui peut prendre un caractère conservateur ou monumental.

La littérature de chaque pays ne consiste donc que dans des imitations plus ou moins imparfaites. Par l'histoire, on établit la perpétuité des peuples et la succession des dynasties. Chaque nation tient à ces tableaux, vrais ou fictifs, dans lesquels elle se retrouve avec une sorte de partialité commune aux individus, toujours prêts à excuser, même à louer, chez eux, ce qu'ils blâmeraient chez les autres ; car les sociétés ont beau être des agrégations, un sentiment de personnalité les gouverne ; et, en définitive, elles pensent comme un seul homme. Par égoïsme, elles se font patriotes ; mais cet égoïsme, en tant qu'il appartient aux masses, est vertu. Dès qu'il se borne aux unités, il devient vice : la réciprocité étant le besoin de tous.

La pente qui nous porte à l'imitation ne saurait échapper à l'observateur le moins attentif. La complainte, dans son chant mélancolique, retrace à l'oreille de la jeune villageoise l'aventure qui n'était auparavant qu'un simple récit : c'est un tableau fait avec des sons. Peu difficile sur leur expression, la fille ingénue des champs se contentera de quelques rimes cadencées, en rapport avec ce qu'elle a entendu dans les veillées d'hiver. Au théâtre, nous appelons les héros, les grands criminels et les amans ; nous les forçons à recommencer la vie en notre présence : plus exigeans à raison même de nos progrès dans les arts, et de la perfection de nos aperçus, nous voulons que rien ne nous trouble dans cette jouissance. La sévérité du costume, la couleur locale du site, le ton et le langage des acteurs, le maintien exact de leurs intérêts et de leurs habitudes connues, enfin le respect des traditions, sont des conditions rigoureuses de succès. C'est un véritable tableau résultant du jeu des machines et des personnages, dressés pour la circonstance, et qui, pour nous conformer à l'expression reçue, *répètent leurs rôles*, c'est-à-dire, renouvellent devant nous quelque acte qui a frappé nos sens ou qui est entré dans notre mémoire ; car il est très-remarquable que les tragédies qui réussissent le mieux sur la scène, sont celles-là même dont les sujets ont été pris dans des fastes

historiques. La comédie est un autre genre
de tableau, où le poëte n'est pas appelé à
faire revivre des souvenirs : c'est toujours une
peinture ; mais les modèles n'en doivent pas
être loin ; il faut qu'ils se trouvent dans la
salle même du spectacle. Ainsi, dans les deux
cas, c'est une imitation que l'on veut : plus
elle aura d'exactitude, mieux elle sera assu-
rée de plaire.

La peinture réelle, nous parlons de la
représentation, sur la toile, des choses ou des
événemens qui ont droit à notre intérêt,
marche immédiatement après la copie théâtrale. Plus imparfaite, en ce qu'elle ne saisit
qu'un instant de l'existence successive, elle
s'indemnise en faisant supposer ce qui précède et même ce qui suit. Le plus souvent
l'action n'est qu'annoncée dans le cadre ; c'est
l'imagination ou la mémoire qui l'achève :
tel est le *Léonidas* de M. David. Aussi, avant
de se plaire aux tableaux, faut-il apprendre
à les regarder.

Certes elle est bien grande, la magie du
pinceau ! Où il passe, la surface plane avance
ou recule ; de simples linéamens prennent
un corps, des têtes réfléchissent, leurs yeux
reçoivent de l'expression, leur bouche me-

nace ou sourit, l'espoir ou la crainte parlent dans leurs traits, la vie renaît ou se retire; et je vois le *Saint Jérôme* du Dominiquin ranimant une nature défaillante, à l'aspect du Dieu dans lequel il croit et espère.

Nous ne contesterons pas la prééminence de la poésie comme simultanément présente à plusieurs circonstances passagères, dont la réunion constitue un acte ou un fait. Telle page de Virgile (par exemple, celle où il retrace en si beaux vers le supplice de l'infortuné vieillard, étreint avec ses enfans par des nœuds homicides) renferme dix tableaux, et peut-être vingt sujets de sculpture : c'est une chose dont il faut convenir; mais si un seul de ces tableaux est bien exécuté, si, dans le marbre, un seul groupe imitateur a saisi le sentiment du poëte, il faudra dix pages pour le décrire; et encore peut-être faudra-t-il y renoncer! Qu'est-ce en effet que la paraphrase de Winkelmann, pour ceux qui ont vu le Laocoon? Ont-ils souffert? ont-ils été mis à la torture en parcourant les lignes du savant antiquaire? Non; mais je soutiens que tel a dû être leur état, quand ils ont eu l'œuvre d'Agésandre sous les yeux.

Les arts d'imitation font partie de l'existence des peuples. C'est leur côté brillant. Nous supposerions difficilement une nation florissante sans école de peinture, sans statuaires, sans historiens, sans théâtres et sans monumens. Par cela même qu'elle existe, elle veut laisser des traces : elle commence par faire revivre, au profit de son amour-propre, les souvenirs des anciens âges ; elle a même un intérêt direct à reproduire les actes de ses meilleurs citoyens, de ceux-là qui l'ont tirée du péril ou de l'oubli ; car les sociétés, comme les individus, ont besoin de célébrité. Un grand homme n'est pas honoré sans que la patrie y gagne. L'éloge est la monnaie la plus précieuse d'un État : louer, pour lui, c'est s'éterniser, c'est se créer des héros et des protecteurs. Ainsi le laboureur jette la semence dans le guéret.

Cultivée avec plus ou moins de succès en France, la peinture y a toujours été traitée avec distinction ; les artistes n'y ont jamais éprouvé le sort réservé à Homère dans la République de Platon : nos annales en font foi. François 1er recueillait les derniers soupirs de Léonard-de-Vinci ; Rubens n'eut qu'à se féliciter de l'accueil de Marie de Médicis, dont il orna le palais de chefs-d'œuvre, devenus des modèles de coloris et de composition. On regrette seulement qu'il se soit exercé, par préférence, dans le genre allégorique, qui est le plus froid de tous. Louis XIV combla d'honneurs Lebrun, Jouvenet, Coypel, Mignard et le cavalier Bernin. On eût désiré que Le Sueur, qu'aucun d'eux n'égala, eût été l'objet de la même protection : il est bien vengé de cet oubli par la génération présente et par l'estime dont il jouit chez tous ceux qui ont quelque sentiment des arts. Ce n'est pas la faute du Régent ou de Louis XV, si la peinture n'a pas brillé d'un plus grand éclat pendant leur administration : les encouragemens ne lui ont pas manqué ; mais, il faut l'avouer, distribués sans discernement, ils ont précipité la décadence de l'École. Louis XVI a montré la même bonne volonté, qui ne pouvait plus tourner au profit d'un talent réel. Le goût était perdu comme les mœurs. Rien de grand ne se faisait dans la vie publique des chefs de l'État; aucun sentiment généreux ne germant dans les cœurs, qu'est-ce que le pinceau avait à reproduire ? Les actes d'une mâle vertu légués par les anciens ? On n'avait pas ce qu'il fallait pour s'y plaire. Ceux dont l'artiste était le témoin ? C'est ce qu'il

a fait ; et, malheureusement au niveau de
son sujet et de son siècle, il nous a transmis
les copies faibles et décolorées d'une existence sans relief. Quand un peuple ne s'occupe que de petites choses, il abaisse avec
lui les arts, il les énerve ; et les arts, réagis-
sant à leur tour sur les mœurs, la dégrada-
tion nationale, par eux, descend au dernier
degré.

Nous croyons que le mouvement imprimé
à ceux-ci par une révolution qui a rétabli les
citoyens et l'artiste lui-même dans la dignité
de leurs droits, n'a pu que leur être très-
favorable. Nous ne jugerons pas l'homme
politique dans M. David ; ce que nous dirions
à ce sujet sortirait de nos attributions du
moment. Toujours est-il certain que le choix
des sujets adoptés par ce maître, indépendamment du talent avec lequel il les a traités, était très-propre à élever l'ame. Sous
ce rapport, l'École, affadie par les tableaux
de boudoir de ses prédécesseurs, lui doit de
la reconnaissance. Brutus, faisant à sa patrie le plus grand sacrifice qu'elle pût attendre d'un citoyen ; Socrate, sublime apôtre
de l'unité d'un Dieu, buvant la ciguë, préparée de la main des prêtres d'Athènes ; des

filles et des épouses séparant deux armées ; le serment des Horaces et celui des Thermopyles, ont rendu la peinture à sa plus noble destination. Ce mouvement dure encore ; il faut l'entretenir. Puissent nos jeunes élèves renoncer à ces scènes usées d'une vieille galanterie, qui serait une dissonnance dans les mœurs actuelles, en même temps qu'elle amènerait la chute de l'art ! On a beaucoup crié contre la multiplicité des tableaux d'église qui ont paru au Salon de 1819. Nous l'avons blâmée dans les lettres qu'on va lire ; mais nous avons cru devoir le faire avec plus de réserve que les autres écrivains : d'abord, parce que ce sont de grandes compositions, où l'artiste peut, en développant une action, donner de l'essor à sa pensée, frapper avec vigueur ses caractères de tête, acquérir une touche large et fière, et se préparer ainsi à célébrer dignement la gloire de son pays. Il nous a semblé aussi que la fermeté stoïque des premiers chrétiens, leur résistance à l'oppression, leur sérénité au milieu des supplices, leur espoir dans une autre vie, n'étaient pas tout-à-fait indignes de fixer l'attention d'un peuple qui ne se plaît plus aux choses frivoles. Au moins, de pareils tableaux n'amolliront pas les cœurs, et ne les façonneront pas à la servitude. La patrie a aussi son culte : c'est celui des lois, qui assurent aujourd'hui notre ordre social. Pourquoi ne ferions-nous pas pour elles, au besoin, ce que d'autres ont fait pour leur croyance religieuse?

Il est certain que le gouvernement de Louis XVIII, que cet auguste monarque en personne, accordent tous les jours aux arts de nobles encouragemens. Pour le compte du Roi, plusieurs ouvrages capitaux ont été retenus, et les princes français ont acquis généreusement les tableaux sur lesquels le public arrête ses yeux avec le plus de plaisir. M. le comte de Sommariva a été aussi l'un de nos acquéreurs ; mais, quoique étranger d'origine, cet amateur distingué appartient à la France, par son goût comme par ses affections. Son fils sert honorablement dans nos armées ; sa galerie est ouverte au public ; lui-même il en fait les honneurs avec urbanité, et les chefs-d'œuvre de nos artistes ne sont pas menacés par lui de l'exil ; au contraire, il les rend au sol paternel (1).

____

(1) Acquéreur du tableau de *Psyché*, peint à

Rien n'a été épargné pour donner à l'exposition dernière tout l'éclat dont elle était susceptible. Dignes en cela de la confiance du Prince, M. le comte de Forbin et M. le vicomte de Senonnes, artistes et littérateurs à la fois, dans les arrangemens et les dispositions intérieures du palais des arts, se sont prêtés à tout ce qui pouvait en rendre la fête plus solennelle. La capitale entière, par l'empressement qu'elle a mis à venir juger ou admirer les efforts des maîtres et des élèves, a rendu hommage aux soins de M. le Directeur-général du Musée : pendant trois mois elle en a joui avec transport ; et les dernières semaines de l'exposition, si l'on en juge par l'affluence de citoyens qui ont continué d'accourir au Salon, en ressemblant aux jours de son ouverture, ont prouvé que le sentiment des arts n'est pas moins familier aux Français qu'au peuple de l'antique Athènes.

Dans son ensemble, dans ce grand nombre de jeunes talens, qui se présentent en seconde ligne, mais non sans gloire, pour

---

Bruxelles par M. David, M. le comte de Sommariva l'est aussi de la *Galatée* de M. Girodet.

perpétuer l'honneur de l'École, le Salon de 1819 a justifié nos espérances. Nous regrettons de n'avoir pu parler de tout ce qu'il renferme de remarquable ; nous regrettons de n'avoir pu consacrer quelques journées à l'examen des ouvrages de MM. Bosio, Dupaty, Cartelier, Cortot, auteur de *Pandore* et de *Narcisse;* Coggiola, dont la charmante statue d'une jeune fille en pied, la tête agréablement inclinée sur un nid qu'elle regarde, n'a fait que paraître dans la galerie des sculptures, etc. : mais rappelés, par la confiance de nos compatriotes, à des fonctions plus importantes, nous ne saurions acquitter la dette du public envers nos célèbres statuaires. D'autres, et sans doute avec plus de succès, se chargeront de cette tâche. Qu'il nous suffise d'avoir vu couler avec charme, au milieu des créations du pinceau, quelques-unes de ces heures que la patrie n'avait pas le droit de réclamer d'une manière plus directe! Invités à suppléer, dans un journal (1), M. Alexandre de la Borde, auquel le gouvernement a confié l'honorable mission de visiter les prisons de France, nous

____

(1) Le Courrier.

avons fait ce qui était en notre pouvoir, pour que le public ne perdît pas trop à l'absence de ce connaisseur distingué. Nos efforts ont reçu un accueil que nous ne nous fussions pas permis d'attendre. Nos lettres ayant paru ne pas trop déplaire au public, une feuille (1), où les arts sont constamment encouragés, a bien voulu donner l'idée de les réunir, et il nous a été agréable de nous rendre aux désirs de MM. Maradan et Baudouin, qui nous ont demandé à en faire la réimpression.

Telle est l'origine de ce petit livre. Pour lui concilier de plus en plus la bienveillance des lecteurs, on a cru devoir y joindre cinq estampes finies au burin, destinées à rappeler quelques-uns des tableaux que le public a honorés de ses suffrages. Nommer MM. Girodet, Hersent, Picot, Horace Vernet, Watelet, c'est demander aux amateurs, sans craindre un refus, la confirmation de notre choix. Quatre de ces artistes recommandables ont porté la complaisance jusqu'à nous fournir les dessins de leurs propres ouvrages. C'est un grand motif de croire qu'on en aura mieux saisi la pensée, du moins autant que

____

(1) Le Moniteur, dans le courant de septembre.

le permet l'espace fourni par un in-12. Pour y parvenir plus sûrement, nous avons invité M. Félix Massard à se charger de trois des sujets. Son burin, déjà connu avantageusement, a répondu à notre espoir; les deux autres ont été confiés à de jeunes artistes qui se sont acquis des droits à l'estime.

Imprimé sur papier fin et satiné, en caractères neufs, le texte fait honneur aux presses de MM. Baudouin. Ce n'est pas sans crainte que nous le replaçons une seconde fois sous les yeux du public, qui deviendra, à son tour, le juge de nos jugemens. De quelque manière qu'il se prononce, nous oserons affirmer, qu'au moins il ne nous accusera ni de mauvaise foi, ni d'esprit de dénigrement, ou d'insertion d'éloges de commande. En général, nos avis, comme nos reproches, ont porté plus sur le dessin, la composition ou l'expression, que sur le coloris, dont les procédés nous échappent et où malheureusement les réformes sont presque impossibles. Un artiste, en effet, n'est pas maître de colorier ainsi qu'il le souhaiterait : il ne saurait le faire que selon la disposition native de son œil. La couleur est au peintre, ce que la voix est au chanteur, c'est-à-dire un don de la nature ; gouverner, régler est tout ce que permet celle-ci dans les deux cas. S'il est quelque chose qui soit propre à nous rassurer sur les opinions que nous avons émises, c'est l'assentiment qu'elles ont reçu de plusieurs artistes distingués, en dépit de la rigueur avec laquelle nous avons traité quelques parties de leur travail. N'ayant aucun motif d'être plus exigeant envers les autres, nous aimons à croire que nos jugemens, lors même qu'ils seraient infirmés, ne sembleraient pas tout-à-fait dénués de motifs.

Nous avons placé, à la fin du volume, une table alphabétique qui renferme les noms des auteurs dont nous avons parlé, et la page où il est fait mention de leurs tableaux. Trois lettres ont été ajoutées à celles que nous avons déjà publiées. Nous tâchons d'y réparer des omissions importantes. Une seconde, sur le paysage, complète sommairement nos idées relatives à cette partie de l'art.

ERRATA.

Page 174, ligne 22, au lieu de *l'infractuosité*, lisez *l'anfractuosité*.

ANNUAIRE

DE

L'ÉCOLE FRANÇAISE

DE PEINTURE.

PREMIÈRE LETTRE.

Vous ne pouvez vous rendre à Paris, mon cher ami. Vous ne pouvez vous réjouir, en suivant les progrès que les arts font parmi nous, ou vous alarmer en remarquant leur décadence, si tant est, comme le prétendent quelques frondeurs chagrins, que nos peintres et nos statuaires n'aient pas la force de soutenir le noble élan donné à leur génie, par la présence

1

des chefs-d'œuvre dont nous avons été, pendant quelques années, les dépositaires envers l'Europe savante. Ce mal, auquel nos praticiens assignent tant d'origines diverses, sans doute par la difficulté qu'ils éprouvent d'en indiquer le vrai remède, la goutte, puisqu'il faut l'appeler par son nom, vous retient en province : dès-lors vous voilà condamné à voir par mes yeux et à devenir solidaire de mes impressions. La tâche que m'impose l'amitié me sera douce à remplir; mais elle a ses périls, auxquels je m'efforcerai d'échapper. En vous transmettant mes opinions, je deviendrai presque pour vous une seconde conscience : je le sais; aussi les préférences sans motifs, les préventions dédaigneuses, les jugemens hasardés et l'esprit de dénigrement ne trouveront aucune place dans mes notes. Je ne connais presque aucun de nos artistes; je n'appartiens à aucune École; je n'ai point de rangs à distribuer. Ce n'est pas à moi qu'il appartient de faire prévaloir David sur Guérin, ou Gérard sur Girodet. Il ne s'agit pas de savoir si tel maître est monarchique, si tel autre est indépendant ; mais, si le tableau que j'essaierai de reproduire à vos yeux est bien conçu, si le ton en est vrai, si le dessin en est pur, si l'expression en est noble ou animée. Le reste ne me regarde pas. Quand je me tromperai, c'est que je n'aurai pu faire mieux.

Toutefois un guide, rarement en défaut, nous présente à tous les deux une garantie avec laquelle je redoute peu les accidens de cette nature : c'est le sentiment. Il révèle, non les secrets de l'art, mais ses succès ou ses fautes. Il apprend au plus obscur manœuvre à s'arrêter devant tout ce qui offre un principe de vie, tout ce qui brille de vérité, tout ce qui parle le langage du cœur. Il lui ordonne de passer outre, partout où les convenances sont méconnues ; et il lui apprend à ne payer les grâces affectées que d'un sourire de dédain. Ses notions sont presque toujours justes, parce qu'elles sont plus inspirées que réfléchies. Excellent juge de l'effet, il conduit l'observateur à remonter aux causes ; il ne faut qu'inter-roger avec franchise : l'oracle ne se taira pas.

Voilà notre *Cicérone*, mon vieil ami. C'est avec lui que nous allons parcourir les salles de cet antique palais commencé presque avec la dynastie régnante, et dont il était réservé au règne de Louis XVIII de nous offrir un des plus riches déve-loppemens. Lorsque je songe à ce grand nombre de générations royales que le Louvre a vues disparaître dans son immo-bilité voisine de la destruction, je suis tenté de me demander, où donc coulait l'or des peuples, puisque le monument le plus fait pour constater la grandeur d'une na-tion, dont l'activité réclamait des travaux utiles, ou au moins politiques, quoique placé sous les regards du pouvoir, n'ob-tint, pendant long-temps, aucune parcelle de ces subsides nés de l'industrie, et qui doivent la vivifier à leur tour ?

Je ne me suis pas chargé de vous en-voyer une apologie de la révolution : je suis pourtant obligé de confesser que les arts lui devront un palais digne de recevoir leurs plus précieux dépôts. Si le droit de conquête qui nous livrait les chefs-d'œuvre du ciseau grec et du pinceau romain, était sujet à discussion, il faut convenir, au moins, de deux choses : l'une, que sachant apprécier ce qu'ils ont d'excellent, nous avons exercé envers eux les devoirs d'une brillante et somptueuse hospitalité ; l'autre, qu'ils ont produit sur le génie de nos artistes une impression qui dure encore. Enfin, nous pouvons dire, ce qui eût été déplacé depuis le Poussin et Le Sueur, *que nous avons une École française*. Au style froidement académique, à ces airs maniérés qui, de la société, passaient sur la toile ou grimaçaient sur la pierre, presque étonnée, dans sa roideur, de se prêter aux caprices d'un siècle corrompu, ont succédé des formes pures, des attitudes sans gêne, des compositions simples et gracieuses, des expressions qui ennoblissent la nature humaine dans sa joie, ou qui la font respecter dans sa douleur. Les David, les Gérard, les Girodet,

les Guérin, les Bosio, les Dupaty, etc.,
conquèrent tous les jours à leur nation un
nouveau genre de gloire qui nous sera des
envieux, mais qui, au moins, ne sera pas
couler de larmes. Nous nommons les ab-
sens comme les présens, attendu que
l'homme distingué, dans son exil, appartient encore à ses concitoyens, et que le
génie, errant loin de ses foyers domestiques, ne reste pas pour cela sans patrie.
Nos murailles, en effet, auront beau se
couvrir des productions des artistes qui
vivent au milieu de nous, le public y pla-
cera toujours, en esprit, les *Sabines* et le
Léonidas; et de ce que ces riches poëmes
ne seront pas offerts à ses regards, il les
en apercevra peut-être davantage.

Disons-le hardiment : cette réunion de
ce qui va attirer les yeux, ou de ce qui
réveillera des souvenirs, est bien faite pour
donner quelque orgueil à un peuple qui
a parcouru, non sans succès, tous les
genres de célébrité. Le chantre du Latium,
heureux de voir sa nation dicter des lois
superbes au Monde connu, abandonnait

fastueusement aux autres contrées le privilége de faire palpiter le bronze, d'animer le marbre, de mesurer le cours des
astres, et de plaider la cause du malheur :
si, au lieu des destinées romaines, il avait
eu à prédire les nôtres, il n'eût pu traiter
si magnifiquement l'étranger au préjudice
de son propre pays.

Une réflexion se présente à mon esprit :
elle naît de nos succès même dans les arts.
Nous avons une École française ; ne serait-ce pas parce que nous sommes une
nation? Il est remarquable que les arts
ont fleuri chez les peuples, précisément
à l'époque où l'esprit humain venait de
recevoir de fortes commotions, et où chacun trouvait, soit dans ses alarmes, soit
dans ses jouissances, de nouveaux motifs
de s'attacher au sol héréditaire. Un peuple
a commencé par vaincre les ennemis dont
il était entouré ; il a commencé par se
faire une histoire avant de la fixer sur la
toile et de la confier à des chants héroïques. Les plus beaux âges ont suivi ou ac-
compagné ces époques où le génie des na-

tions tendait à déployer des forces dont il avait acquis le secret. C'est au milieu de ces tourmens de la pensée, qui cherche à se créer des rapports nouveaux, que l'on a vu paraître les grands hommes, fruits incultes d'une nature vierge, et les talens inopinés destinés à en perpétuer le souvenir. Certes, elle n'était ni barbare ni sauvage, cette Athènes qui, après avoir chassé les Perses, consacra, dans le Pœcile, un tableau sur le premier plan duquel se montrait le vainqueur de Marathon; elle n'était pas étrangère aux arts, cette Rome, jeune encore, qui, après l'expulsion des Tarquins, dressa dans le Capitole une statue au premier des Brutus, son libérateur! Le sentiment des grandes choses réveille bientôt, chez un peuple, le besoin d'en prolonger l'existence. Ayez des citoyens capables d'un beau dévouement; ayez des guerriers intrépides dans les combats, humains après la victoire, soumis aux lois pendant la paix, et vous ne manquerez ni de gens de lettres ni d'artistes; car, sur un sol qui n'est pas ingrat, les arts et les sentimens élevés se font un appel réciproque.

Toujours vaincus, toujours opprimés, les Grecs de l'Asie mineure ne purent s'approprier des centres d'études. Leurs artistes les plus distingués se réfugièrent à Athènes, à Corinthe et à Olympie, où ils trouvèrent de nobles sujets de leurs travaux; et plus tard, après la mort d'Alexandre, quand ces mêmes villes passèrent sous le joug, emportant avec eux les derniers soupirs de la liberté, les arts attristés allèrent chercher l'asile que leur ouvrirent les Ptolomées en Égypte et les Séleucides en Asie. Le prince Soter recueillit Apelles et une foule d'hommes à talens que la Grèce captive semblait repousser de son sein. Mégalopolis naissante à peine en retint un petit nombre.

Excusez ma dissertation, mon vieil ami. On ne saurait parler des arts sans une sorte d'entraînement. Dans de moindres circonstances, en traitant les sujets de la nouvelle exposition, je laisserai encore quelquefois mon style s'animer, convaincu

que je suis de l'impossibilité de rendre
froidement les impressions dues à la verve
de l'artiste ou l'impatience produite par
ses oublis, peut-être par ses contre-sens.
En effet, si notre langage ne participait
de cet enthousiasme qui agitait le peintre
dans sa composition ; si, à l'approche d'un
chef-d'œuvre du ciseau, nous restions de
glace, de quel front oserions-nous péné-
trer dans le sanctuaire des Muses ? Pontifes sans inspiration, qui nous en cons-
tituerait les interprètes ? Aurions-nous le
droit de dire, soit au public, soit à vous-
même (car je croirai, par une douce illusion, vous tenir souvent à mes côtés) :
« Arrêtons-nous ici : fixez les yeux sur
» cette toile ; le talent y a laissé sa trace.
» Restons auprès de ce marbre : il a quel-
» que chose à nous dire. Le Torse y est
» senti. » Ou bien : « Pressons le pas. Que
» demanderions-nous à cette surface plane?
» Un servile copiste l'a couverte de figures
» sans relief ; il y a jeté des arbres sans
» ombre et sans fraîcheur ; ses ruisseaux
» n'ont ni limpidité ni fuite ; ses animaux

» ne marchent ni ne se reposent, et le
» spectateur n'aura garde de s'enfoncer,
» en idée, dans ses bosquets, car la moindre
» dryade n'y trouverait un asile. »

Le Salon n'est pas encore ouvert au public. Vainement ai-je attendu une carte qui m'en procurât l'entrée avant le grand jour où, la foule se pressant, chacun en sortira sans avoir rien vu. Toutefois j'essaierai de vous entretenir, dans ma seconde lettre, du riche effet qui résulte de sa belle disposition. On assure que ce premier coup-d'œil est magique. C'est un magnifique tableau qui sert de cadre à plusieurs autres.

LETTRE II.

J'AI pénétré avec la foule au Salon. J'aime assez qu'il n'y ait pas de priviléges ; mais quand on voit d'autres en obtenir, le murmure s'accroît de l'exclusion donnée à des droits au moins égaux....... Ne vous attendez pas qu'aujourd'hui j'entre avec vous dans des détails qui pourraient vous offrir des aperçus précipités. Vous souvenez-vous de votre première arrivée à Paris ? Avez-vous présent à la mémoire l'effet produit sur vos sens par la vue simultanée des somptueux édifices qui s'élèvent dans la capitale, des monumens qui la décorent, des ateliers qui la vivifient, des jardins qui en varient l'aspect et rafraîchissent son atmosphère, des riches magasins qui arrêtent le passant et l'enlèvent au but de sa course, de la foule qui le coudoie, des équipages dont il faut se garantir, et des théâtres enfin dont les illusions frappaient, par tous les côtés, votre être étonné de tant de secousses imprévues ? Eh bien, mon vieil ami, croyez que ces impressions confuses, qui n'en forment presque qu'une seule sur le voyageur, se sont reproduites dans mon esprit, lorsque j'ai traversé ces salles où les arts ont rassemblé, en un point très-circonscrit, des chefs-d'œuvre qu'une force magique, opérant sur le dernier siècle et sur l'espace, n'eût pu réunir il y a trente ans, eût-elle mis à contribution les quatre parties du Monde.

Il faudra donc démêler, dans cette affluence d'idées, ce qui appartient à chaque objet, pour reporter à ceux-ci, soit le juste hommage de nos éloges, soit le tribut non moins équitable d'une critique judicieuse ; car le fanatisme de l'admiration est aussi préjudiciable aux arts que le dénigrement de l'envie, ou l'examen superficiel de l'indifférence. Ce classement d'aperçus sera l'affaire de quelques jours.

Je ne vous entretiendrai donc, par le

présent courrier, ni de la belle composition de la Vierge au tombeau, de M. Abel
Pujol, ni de la Descente de Croix de
M. Paulin Guérin. Je passerai également
sous silence le Chœur des capucins Barbé-
rini de M. Granet ; la Mort de Saphira de
M. Picot ; le charmant tableau de l'Amour
et Psyché du même, et le Départ de la
duchesse d'Angoulême par M. Gros, qui,
à notre avis, s'il fait preuve de talent,
n'en donne pas de goût, en montrant
une préférence exclusive pour les *départs.*
Je ne me permettrai même pas la plus
courte notice sur l'Attaque d'un grand
convoi en Biscaye, quoique j'aie pensé être
étouffé par la foule qui se pressait autour
de ce tableau, et que l'affaire ait été, pendant six heures, presque aussi chaude pour
les curieux du Musée, qu'elle l'a été effectivement pour les Français surpris par les
guérillas du général Mina. Malgré la rapidité avec laquelle nous esquissons cet
aperçu, nous ne saurions oublier que la
main qui a groupé avec beaucoup d'intelligence ce tableau remarquable, a tenu

l'épée avec non moins d'honneur pour les armes françaises ; c'est un nouveau fruit des loisirs du général Lejeune.

Quant à présent, je me bornerai à vous dire que cette exposition, très-riche en morceaux de genre, en charmans portraits, en fleurs qui disputent d'éclat avec celles de nos parterres, en intérieurs d'églises, de ménages, en paysages pleins de vérité, ne laisse pas de nous donner quelques regrets. On eût souhaité que les premiers maîtres de l'École française, ne se contentant pas d'exposer de simples portraits qui motivent encore notre plainte, eussent concouru à l'embellissement de cette fête des arts, par des ouvrages capitaux dignes du talent dont nous possédons déjà des preuves irrécusables. On nous fait espérer qu'une partie de ces regrets aura un terme avant la fin de l'exposition. Ce n'est peut-être pas en vain que l'on nous aura parlé d'un tableau de M. Girodet. Il est possible que cet ouvrage exige encore quelques-uns de ces coups de pinceau de maître qui captivent et justifient si bien l'admiration. Si le génie se plaît à cultiver dans la solitude les heureux dons qu'il tient du travail et de la nature, il aime aussi à les voir fleurir au grand jour : espérons donc que notre catalogue s'enrichira prochainement de quelques-uns de ces noms dont l'absence a droit de se faire remarquer. Heureux les artistes auxquels on songe alors même qu'ils semblent aspirer à l'oubli ! En se tenant à l'écart, ils appellent encore les yeux du public ; mais c'est une coquetterie qu'il ne faut pas trop prolonger, autrement on risque d'en porter la peine.

Proportion gardée, le ciseau a été moins avare de productions recommandables. Aussi ceux qui le manient en première ligne se sont-ils assurés de doubles droits à notre reconnaissance. Il nous sera doux de la leur témoigner en examinant les ouvrages de MM. Bosio, Cartelier, Dupaty, etc.

Je serais coupable à mes propres yeux, mon cher ami, si je ne consacrais ici quelques lignes aux nouveaux efforts de l'industrie française. C'est une excursion que je vais me permettre hors du domaine dans lequel j'ai voulu me circonscrire; mais elle est tellement motivée, qu'elle portera avec elle son excuse.

On arrive au salon des tableaux en sortant de deux vastes galeries qui renferment, dans des compartimens bien ordonnés, les produits industriels. L'une, celle de la célèbre Colonnade, a vu cesser fort heureusement cette interruption qui empêchait de l'embrasser d'un coup-d'œil. Le génie de l'artiste moderne a su percer d'épaisses murailles pour réaliser un beau développement, dont le génie de Perrault lui saurait gré s'il pouvait se faire entendre. C'est là que quelques hommes à riche imagination se plairont à supposer errantes, autour d'eux, les ombres des Turenne, des Condé, des Bossuet, des Racine, et celle du maître à la voix duquel les monumens sortaient de terre avec une magnificence qui peut-être a trop pesé sur son peuple. De riches escaliers ont été ménagés aux deux extrémités de cet édifice, par M. Fontaine, digne d'attacher son nom à l'un des plus remarquables morceaux de notre architecture.

Nous pouvons affirmer d'avance que les arts industriels n'ont jamais été portés à un plus haut degré de splendeur que celui qu'ils ont atteint parmi nous dans la présente année. A la vue de leurs produits, appliqués si heureusement aux nécessités de la vie domestique, à la vue des nombreux moyens d'extension donnés par les Bréguet, les Didot, les Lerebours, les Lepaute, les Massard, les Georget, les Ternaux, à la vie organique et intellectuelle, l'absolution de la civilisation est prononcée, et le Français, reconnaissant envers le ciel d'appartenir au dix-neuvième siècle, se félicite d'avoir une patrie libre et florissante.

Peut-être serait-ce le cas d'opposer ici le spectacle des camps à celui des ateliers, l'attirail des armées en campagne aux travaux paisibles des artistes. En jouissant des bienfaits de ces derniers, le sage donne aux autres une sanction. La guerre est ramenée à l'instant, par lui, au seul but qui puisse être avoué du ciel et de la nature ;

elle devient à ses yeux ce qu'elle doit être, un moyen de conservation, et l'appareil militaire n'est une richesse, pour un peuple, qu'en ce qu'il assure la tranquille jouissance de toutes les autres.

C'est donc une grande revue mobilière et nationale que nous faisons de temps en temps, en exposant à tous les yeux les produits de nos arts comme ceux de notre industrie. C'est un compte que nous nous rendons à nous-mêmes; à quelques égards, c'est presque un compte moral; car il ne serait pas impossible de juger des qualités et des défauts, des vices et des vertus d'un peuple, par les objets de travail vers lesquels se dirige l'esprit de ses artistes. Dans l'examen de nos tableaux, nous aurons plus d'une fois l'occasion d'appliquer ce principe.

LETTRE III.

MM. RAGGI, CARBONNEAU, GÉRICAULT, MAUZAISSE, GRANET.

LES anciens avaient la sage coutume de commencer les principaux actes de la vie publique et privée, par des invocations aux immortels : vous ne trouverez donc pas mauvais, mon cher ami, qu'à leur exemple je débute, dans mes fonctions de critique, par l'examen du bronze, dont la générosité vraiment française du comte Dijon, député de Lot-et-Garonne, va gratifier la ville de Nérac, sa patrie. Ainsi, chez ces peuples qui, malgré l'écoulement des âges, ont encore à nos yeux toute la fraîcheur de la jeunesse, parce que (n'en doutons pas) ils se sont tenus plus près que nous de la nature, les particuliers opulens croyaient ne pouvoir mieux mériter de leurs concitoyens qu'en consacrant de grands revenus au souvenir

des grands hommes et des grandes choses.
Celles-ci composent en effet une partie du
patrimoine national, et l'on ne saurait
chercher à les préserver des outrages du
temps, sans s'associer en quelque façon à
leur éclat.

Ai-je besoin de vous nommer Henri IV ?
c'est peut-être la seule figure au monde
sur laquelle il ne soit permis de se trom-
per ni à l'artiste, ni au plus obscur spectateur. Elle a laissé dans tous les souvenirs un type indélébile, au moyen duquel
on la retrouverait encore dans l'absence
de tous les tableaux et de toutes les statues. Au reste, cet air calme et serein,
ce front qui ne mentit jamais, ce regard
amical et ce visage où brille une douce
majesté, sont parfaitement en rapport avec
les traditions. Stationnaire depuis quelques
jours dans la cour du vieux Louvre, sans
autre intention peut-être de la part des
administrateurs du Musée, que d'éviter
l'embarras d'un second déplacement, ce
monument du bon Henri, ainsi exposé à
tous les regards, nous semble dans une

situation concordante avec le caractère d'un prince qui aimait à se voir entouré de son peuple.

Destinée à être placée sur un piédestal, cette statue, haute de près de deux mètres et demi, modelée par Raggi, jetée en fonte et ciselée par Carbonneau, représente le premier des Bourbons dans une attitude très-naturelle. Le bras droit tendu vers ses sujets, il semble leur dire : « Votre Roi ne veut que votre bonheur ; » tandis que la main gauche, placée sur la garde de l'épée, suppose les paroles suivantes : « Croyez qu'il saura l'assurer. » Cette idée nous paraît provenir d'une inspiration très-heureuse. Peut-être jugera-t-on le buste un peu trop nourri dans la proportion des autres parties et de la hauteur de la statue ; mais ce reproche se trouvera atténué, si l'on se rappelle que Henri IV avait la poitrine ouverte, et que les exercices de son enfance avaient fortifié sa constitution naturellement robuste. Nous nous hasarderions encore à juger le visage un peu court dans sa partie inférieure.

Au reste, l'exécution de ce morceau est soignée jusques dans ses accessoires ; témoins, l'écharpe, où l'airain semble s'être transformé en étoffe soyeuse, et le casque, surmonté d'un panache presque flottant, qui a été placé avec tant d'à-propos au pied de la statue ; car quand il s'agit de ce prince, tout est souvenir, tout est historique.

On lit sur le socle :

ALUMNO,

MOX PATRI NOSTRO,

HENRICO QUARTO.

Cette inscription nous réconcilierait presque avec le latin monumental que nous avons déjà vivement attaqué, à l'occasion des lignes destinées à la statue équestre du Pont-Neuf. Hommage royal de la piété d'un fils (1), avec une conci-

----

(1) Par ces mots, nous avions cru indiquer suffisamment que cette inscription appartenait au Roi, ainsi que notre honorable collègue, le comte Dijon, avait bien voulu nous l'apprendre, et nous nous étonnons que quelques journaux s'y soient trompés. Le reste

sion admirable, elle renferme presque toute la vie de Henri IV, dans un sentiment qui part du cœur et dont un goût exquis ne désavouerait pas la touchante expression. Avec tout cela, nous ne tenons pour battus que MM. de l'Académie. La raison, la voici : c'est que, si l'on veut être entendu des neuf dixièmes de la foule dont ces mots latins arrêteront la vue, il faut encore les traduire. Un Béarnais est censé dire au promeneur :

A NOTRE ENFANT,

ET BIENTÔT NOTRE PÈRE,

HENRI QUATRE.

Après avoir lu, les yeux ne se portent-ils pas naturellement, du bronze où semble respirer le héros, sur les montagnes où le prince, enfant, se plaisait à partager les jeux et les exercices de ses jeunes contemporains ?

---

de ce paragraphe rappelle un article inséré dans *le Courrier*, et où nous croyons avoir combattu avec quelque force la coutume d'employer pour les monumens français des inscriptions latines.

Il me presse d'être débarrassé de ce grand tableau qui m'offusque, lorsque j'entre au Salon. Je vais parler du Naufrage de la Méduse.

Ce n'est pas assez que de savoir composer un sujet; ce n'est pas assez que d'en distribuer les masses, que d'en dessiner habilement les figures, que d'en varier les expressions; ce ne serait pas même assez que de s'y montrer savant coloriste : avant tout, il faut savoir le choisir. Or, je vous le demande, mon ami : une vingtaine de malheureux abandonnés sur un radeau, où leur destinée devient le triste jouet de la faim, d'un ciel inclément et d'une discorde plus rigoureuse encore, est-elle bien faite pour offrir au pinceau l'occasion d'exercer son talent? Des cadavres livides étendus sur des poutrelles mal jointes, la contraction musculaire des êtres qui ne semblent leur survivre que parce qu'ils sont encore debout, les angoisses de quelques matelots à demi-plongés dans l'eau saumâtre qui les ronge, et le dénûment absolu des choses nécessaires à la vie,

sont-ils donc un sujet que l'on doive reproduire à nos regards, et qui puisse captiver
notre attention ? J'y vois, tout au plus,
matière à quelques savantes études ; et il
faut avouer que, sous ce rapport, le
peintre de cette scène désastreuse mérite
des éloges. Mais a-t-il pu se flatter que
des muscles âprement sentis et des attitudes dessinées avec un art qui n'en saurait
couvrir la sécheresse, fissent surmonter
le dégoût résultant d'une uniformité acca-
blante de teintes, de formes, de gestes,
et jusqu'à un certain point d'expressions,
puisqu'elles sont toutes celles d'une seule
et même douleur ? Aussi ne nous a-t-il
offert qu'un sombre camayeu, où la mort
semble avoir parqué des proies qu'on ne
peut plus lui ravir.

Le moment saisi par l'artiste est précisément celui qu'il fallait éviter. Il s'est décidé
à représenter le radeau des naufragés de la
Méduse, après leur triste abandon dans des
mers désertes ; tandis qu'il avait le choix
de nous les retracer, ou quand la hache
fatale tranche les cables qui les retiennent

encore attachés à la chaloupe de la fré-
gate française, ou quand l'équipage d'un
brick anglais vient à recueillir leur infortune. Certes, l'une de ces deux positions
méritait la préférence de l'artiste, et son
talent possédait tout ce qu'il fallait pour
en tirer un parti d'autant meilleur, que,
dans la première, de longues souffrances
n'ayant pas imprimé leurs traces uniformes
sur ses personnages, il eût pu en varier
mieux les expressions ; et que, dans l'autre,
les marins du brick, qu'il eût mêlés avec
ceux du radeau, lui eussent fourni des
contrastes et des oppositions, toujours
précieux dans les tableaux de ce genre.

Que trouvé-je au contraire ici ? Deux
ou trois matelots exténués de fatigue,
montés sur une tonne, et qui, soutenus
par d'autres malheureux, eux-mêmes dé-
faillans, essaient d'agiter, dans les airs,
quelques lambeaux en signe de leur dé-
tresse, tandis qu'un groupe de leurs compagnons, adossés au mât, les suit d'un
sombre regard. Au premier plan, un marin
âgé tient sur ses genoux le corps de son

fils, victime de tant de maux ou près de rendre le dernier soupir. Les traits caractérisés du père et l'immobilité de sa pause portent l'empreinte de ces douleurs qui, lorsqu'elles sont fortement exprimées, mettent à la torture le spectateur lui-même. Ils ont rappelé à notre esprit le comte Ugolin de Reynolds, et par conséquent le Marcus-Sextus de M. Guérin, qui, s'il a connu l'ouvrage anglais, n'est pas quitte envers lui de toute reconnaissance. Quelques cadavres jetés sur les bords du radeau complètent cette vaste composition, dans laquelle nous ne saurions méconnaître la trace d'un vrai mérite. Nous ne doutons pas que, mieux appliqué, le talent de M. Géricault n'honore un jour l'École française. Des conseils irréfléchis auront égaré son pinceau destiné aux grandes fabriques. Excellent dessinateur, nul ne saura mieux que lui en disposer les plans : l'expression ne lui manquera pas ; qu'il redoute seulement de l'outrer ! Quant au coloris, nous désirons qu'il joigne aux qualités qu'il possède déjà, cette partie importante de son art ; mais le Naufrage de la Méduse laisse encore la chose en problème.

Mes yeux descendent sur les Danaïdes de M. Mauzaisse. Elles méritent qu'on en parle : cinq ou six filles de Danaüs se montrent à demi-corps et approchent, avec leurs vases, de la fatale tonne creusée dans les enfers par le meurtre de leurs maris. On en distingue trois sur le devant du tableau. L'une, et c'est celle du milieu, vient de vider son vase. Une souffrance aiguë contracte son front ; ses yeux, rouges de douleur et d'insomnie, sont cernés d'une teinte livide, et son regard fixe tient presque de l'aliénation mentale. Placée à droite, une de ses sœurs, l'œil chargé de sommeil et la paupière presque close, avec une tristesse moins sombre, sans avoir l'air d'y songer, épanche son urne qui ne remplit rien ; tandis que, sur la gauche, une troisième Danaïde, qui s'apprête à retourner au Ténare, offre dans ses traits le caractère du crime sans repentir. Nous remarquerons que la gorge et le teint des filles de Danaüs semblent trop contraster avec la nature fatigante de leur supplice ; nous souhaiterions un peu moins de rondeur à l'une et d'éclat à l'autre. Au reste, ce tableau renferme de belles études d'expression, et il fait honneur au talent de M. Mauzaisse, dont nous aurons encore occasion de nous occuper en examinant sa Réunion de personnages célèbres chez L. de Médicis.

Il était bien tard, hier au soir, quand j'ai quitté le Salon ; mais je n'ai pas voulu en sortir sans m'être préparé à vous donner l'esquisse des Capucins de Granet. Ma lettre de ce jour sera longue ; j'espère que vous ne vous en plaindrez pas trop.

Figurez-vous le chœur d'un couvent : laissez derrière vous l'autel, et placez-vous entre ce dernier et le pupitre ; vous verrez tous les religieux franciscains de face..... Supposez maintenant que le jour arrive à vos yeux de la même manière, c'est-à-dire par des vitraux placés au fond du chœur : vous aurez devant vous, dans leurs stalles, deux rangs de cénobites habillés de la bure à la couleur de laquelle ils ont donné leur nom ; mais, ce qui est un chef-d'œuvre de l'artiste, c'est que ce n'est pas une simple illusion pour vous. Vous les voyez réellement, quoique le coup de soleil, habilement ménagé en les frappant par derrière, effleure à peine leurs épaules, et, selon leurs diverses attitudes, le contour ou le sommet de leurs têtes. Les expressions de celles-ci sont toutes variées. Ici vous distinguerez la patience résignée, là l'observance rigide d'un homme à caractère ferme : à droite, la piété confiante et douce ; à gauche, la trace profonde d'une vie dure et pénitente : de ce côté, la modestie et le recueillement, tantôt réfléchis, tantôt transformés en habitude ; de l'autre, cette hauteur d'ame qui ne fléchit pas même sous le fouet de la macération.

Peut-être croirez-vous que tous ces effets auront été atteints par un fini précieux des figures sur lesquelles ils ont été obtenus? Vous seriez dans l'erreur : tout cela est traité largement. Vu de trop près, rien n'est prononcé ; à une certaine distance,

tout est senti, tant la manière de l'auteur est franche et ferme, tant il a su
mettre à profit la magie du clair-obscur!
Il n'a point tâtonné. C'est avec trois ou
quatre coups de pinceau que chaque visage
est sorti de la toile, que chaque physionomie a été caractérisée ; mais dans chacun de
ces coups de pinceau était renfermée l'ame
d'un franciscain.... Je demande si je me
trompe, à ceux qui, réveillant leurs souvenirs, peuvent retracer à leur esprit cette
espèce de cénobites disparus parmi nous.
Quant aux autres, s'ils sont curieux de la
connaître, qu'ils aillent au Salon, qu'ils
s'arrêtent devant la peinture de M. Granet, et un couvent entier aura passé sous
leurs yeux.

Ai-je besoin de vous dire que les tableaux placés aux murailles latérales du
chœur, dans leur teinte un peu sombre,
ainsi que la comporte un antique monas-
tère, s'en détachent admirablement? Ajou-
terai-je (ce que je crains d'avoir oublié)
que le soleil se joue dans la bure, dans la
barbe des bons pères; qu'il sert presque

d'auréole à quelques têtes, et que la transparence des oreilles de deux enfans-de-chœur est simulée d'une manière très-piquante? Pour un artiste ordinaire, ces choses ne seraient pas un mince mérite : ici elles ne sont qu'un accessoire. Les Capucins de la place Barberini sont un ouvrage de chevalet, il est vrai ; mais nous nous garderons de n'y voir qu'un morceau de genre. La dimension n'y fait rien. Nous soutenons que M. Granet a composé un tableau, et un beau tableau, et un tableau *qui durera !*

LETTRE IV.

MM. HORACE VERNET, ROBERT LE FÈVRE, PAULIN GUÉRIN, PAGNEST, VAN-SPAENDONCK, VAN-DAEL, KINSON.

JE suis de si mauvaise humeur, que je ne sais si je devrais vous écrire, car je crains que ma lettre ne se ressente de la disposition de mon esprit. Figurez-vous, mon ami, que, dans un de nos journaux quotidiens, que, dans un article d'ailleurs écrit avec goût, on prétendait, il n'y a pas trois jours, enlever nos jeunes artistes à leurs études historiques, pour les jeter dans les tableaux de genre, vers lesquels ils ne sont déjà que trop entraînés ! Aurait-on oublié la plus belle destination de la peinture ? Cette dernière n'est-elle donc plus chargée de conserver dans les cœurs l'aptitude aux grandes choses, d'y nourrir les sentimens généreux, en perpétuant la mémoire des actes qui en ont été ici-bas les plus sublimes émanations? Telle est, en effet, l'importance du noble sacerdoce confié aux artistes, que les jardins et les places où les habitans d'une ville portent leurs pas, que le palais où, dans la personne du Prince, réside la volonté visible et agissante de la patrie, et que la basilique, remplie de la grandeur du Dieu qui leur commande à tous, ne sauraient être dignement décorés sans les tributs de la peinture et de la sculpture? l'or lui-même pâlit à côté de ces tributs. On ne contestera pas la supériorité que leur doivent les temples catholiques sur les synagogues et les temples protestans. Résultat d'une alliance miraculeuse, où l'esprit trouve son intermède dans la matière organisée, l'homme veut que l'on parle à ses sens, parce que c'est par eux que, de la plus obscure perception, il s'élève au plus haut degré de la pensée. Donnons donc à son ame des alimens dignes d'elle. En-

courageons l'oubli de soi-même, le respect des lois, les sacrifices à la patrie et
le frémissement de l'adoration, en ordon-
nant au ciseau et au pinceau de reproduire partout, sur nos pas, les Eustache
de Saint-Pierre, les Vincent de Paul, les
Belzunce, les Fénélon et les Louis XII.
Que me fait votre *Vieille à la lampe*, ou
votre *Femme hydropique?* Que me font
vos fleurs et vos paysages, si, faute de
nourriture, la vertu s'éteint dans les cœurs?
Je sais estimer les Van-Huysum et les Gé-
rard-Dow; mais, pour l'honneur national, il me faut, avant eux, des David,
des Gérard, des Gros, des Guérin, des
Girodet et des peintres d'histoire. Les premiers ne nous manqueront pas, soyons-en
sûrs. Dans la dernière exposition, on a
vanté deux intérieurs de ménage de Droling, et voilà que cette année on nous
en donne par douzaine; il y a trois jours
que j'ai célébré le couvent de la place Bar-
bérini, et je parierais que, dans deux ans,
les murailles du Musée seront couvertes
de capucins. On serait presque tenté de

se féliciter de ce que le couvent de San-Benedetto (n° 524), quoique de la même main, par un effet peu flatteur de cette composition, dans laquelle les artistes trouveront encore quelques parties dignes de remarque, n'encourage pas trop l'imitation d'un genre dont les succès s'obtiennent sans de longues et profondes études.

Voilà pourquoi je loue très-fort M. le préfet du département de la Seine, d'avoir commandé plusieurs tableaux d'histoire à nos jeunes artistes. J'eusse seulement souhaité qu'il n'en eût pas choisi exclusivement les sujets dans des chroniques religieuses : les annales françaises en réclamaient au moins une partie. Mais, au fond, l'emploi de cet argent est bien entendu. Médiocrement exécutés, les tableaux de chevalet se placeront d'eux-mêmes. Le goût du luxe, celui des arts, et un attrait de volupté en feront la fortune, tandis que la peinture historique périrait bientôt, si les temples, les palais, les tribunaux et les hôtels-de-ville n'ouvraient un asile aux vastes compositions qui seules, chez un peuple, prennent le titre et le caractère de monument.

Maintenant, mon cher ami, que nous avons mis chaque chose à sa place, je vais tenir mon lit de justice. Mes arrêts, aujourd'hui, seront sévères ; je le sens : en vain je voudrais m'en défendre ; mais à Dieu ne plaise que l'ancienne formule, *car tel est notre bon plaisir*, en soit la seule justification. Un sage libéralisme a introduit la discussion dans le sein même du gouvernement : et ce n'est pas moi qui, dans le sanctuaire des arts, essayerai de m'y soustraire.

Peintre d'histoire, de marine, de paysages, de batailles, d'intérieurs, M. Horace Vernet montre un grand talent dans une famille où le talent est héréditaire. Doué d'un goût rare, il a des pinceaux pour tous les genres, et des couleurs pour tous les sites. Artiste laborieux, il a produit plus de vingt tableaux dans l'intervalle des deux expositions. Je veux, en le remarquant, gourmander la paresse de quelques hommes qui ne seraient pas

fâchés de couvrir d'un vernis d'importance l'oisiveté de leur pinceau. Ils souhai-
teraient sans doute qu'on les crût, derrière
leur toile, occupés à méditer des chefs-
d'œuvre, tandis que les heures, dans leur
course rapide, emportent le peintre lui-
même, auquel elles ne laissent que l'inutile regret de ne les avoir pas mises à
profit. Est-ce ainsi qu'en ont usé les Rubens et les Paul-Véronèse? Est-ce ainsi
que faisait Michel-Ange, qui, dans sa
triple qualité de peintre, de statuaire et
d'architecte, a doté si richement, de dix-
huit années de sa vie, la basilique de Saint-
Pierre de Rome? Est-ce en suivant cette
marche, qu'enlevé à la fleur des ans Raphaël se fût survécu à lui-même, par
des chefs-d'œuvre dont le nombre connu
attesterait presque une carrière patriarchale?

Parlons du Massacre des Mamelucks:

Assis sur une estrade ombragée d'une
draperie, Mohamed-Ali voit égorger, par
ses ordres, les Mamelucks attirés dans la
cour du château du Caire, redoutable mi-

lice dont l'audace commençait à lui faire ombrage. Le pacha, le poing gauche fermé et appuyé sur le genou, annonce cette résolution calme, familière aux chefs des États despotiques, où l'on commande froidement le meurtre, et où on l'exécute sans examen. Cette impassibilité de Mohamed-Ali est mélangée d'une teinte sombre, à travers laquelle on démêle pourtant que sa politique est satisfaite. Un esclave noir, qui tient à ses pieds la cassolette où aboutit le tuyau d'une longue pipe persane, semble, du bras qui est libre, se voiler le visage à l'aspect de cette sanglante catastrophe ; tandis que trois officiers placés en arrière de leur maître, dans leurs attitudes variées, offrent des expressions bien senties de terreur, de curiosité froide ou joyeuse. La dernière appartient sans doute à un lâche qui se réjouit de voir son ennemi tomber sous les coups des Albanais. Ce tableau, chaud de couleur, renferme incontestablement de belles parties : le groupe que nous venons de décrire est fortement caractérisé ; la touche en est aussi ferme que savante, et le pinceau historique y brille dans tout son éclat ; mais nous nous permettrons de remarquer que le meurtre des Mamelucks, étant le sujet capital, ne devait pas être traité comme un accessoire qui reste indistinct à l'œil du spectateur. Il y a un manque de proportion réel entre les figures de ceux-ci et celle de Mohamed, qui n'en est pas tellement éloigné que les Mamelucks ne doivent s'offrir à sa vue, et par conséquent à la nôtre, dans une dimension beaucoup plus apparente. Une réduction du premier plan du tableau eût permis de développer davantage le second, sans nuire à l'expression des principaux personnages. Le tableau lui-même eût peut-être demandé un champ moins vaste ; mais, par l'accord des deux parties d'une même scène, il eût gagné en intérêt positif ce qu'il eût perdu en surface.

Au reste, c'est assez pour que M. Horace Vernet prenne rang parmi nos bons peintres d'histoire. Une petite Marine, sous le numéro 1162, ne serait pas indigne de son aïeul. Le sujet qui y est mis en action est parfaitement groupé. Le soleil couchant se reflète bien sur les flots ; le ciel un peu orageux est en harmonie avec la mer qui commence à s'agiter. L'espace est étroit ; mais il est plein de mouvement.

Ses deux Vaches noires, sous le numéro 1161, ne seraient pas désavouées de Paul Poter. En dépit de leur couleur, elles se détachent très-bien du fond un peu sombre de l'étable. La touche en est fine et spirituelle.

Ses Chevaux et ses Cavaliers, sous divers numéros, rappellent en ce genre les meilleures études de Vouvermans. Sa Prêtresse druide et sa Folle par amour tiennent du portrait. Elles ont du ton ; mais on y désirerait, surtout dans la première, des teintes plus adoucies. Comme c'est une tête de fantaisie, il est impossible de ne pas en trouver les yeux trop enfoncés.

Nous l'avouerons franchement : la Mort du prince Poniatowski nous semble d'un effet peu favorable à l'œil. Nous y avons remarqué une sécheresse de formes et une tension qui n'est pas tout-à-fait le mouvement. En général la vue entre peu dans ce tableau, dont tous les personnages semblent appartenir au même plan. Nous croyons que l'estampe lithographiée a dissimulé une partie de ce défaut.

Quant à l'Ismayl et Maryam, le sujet en est ingrat. Le coup de vent embrâsé est peut-être rendu ; mais la figure de la femme, enlevée à l'amour du prince arabe, n'offre aucune trace de cette beauté que la mort respecte au moins pendant quelques instans. Celle du cheyk n'a ni jeunesse ni dignité. Nous doutons que, malgré les éloges d'un petit nombre d'enthousiastes, ce tableau plaise à son auteur luimême ; car il est fait pour se bien juger. Assez d'autres couronnes diversement tissues reposent sur sa tête : celle qui lui échappe ici ne saurait exciter ses regrets.

Parcourons rapidement quelques portraits.

On souhaiterait dans la douleur de cette

Héloïse quelque chose de moins terrestre. Elle pleure bien; mais ce ne sont pas là les larmes de la Vallière. Cependant, ce morceau est d'un bon ton de couleur. On le doit à M. Robert le Fèvre. Quant à l'Abailard, du même, le dessin en est lourd, et sa fureur un peu théâtrale annonce trop l'homme qui ne veut pas encore prendre son parti. Ce n'est pas de tels momens que l'artiste doit faire choix. O vous qui osez présenter à nos yeux l'amant d'Héloïse, croyez que pour sauver les dangers, le ridicule même de la situation (car celui-ci, chez nous, est encore assez peu généreux pour s'attacher au malheur), vous devez attendre que l'orage des passions se soit calmé dans cette tête ardente! C'est quand il ne reste d'un amour si cruellement traité qu'un souvenir affaibli, qu'il faut faire poser devant vous l'infortuné Abailard; c'est alors qu'épurant la nature humaine, vous le représenterez atteint d'une mélancolie profonde, mais adoucie, soit par la religion, soit par les traces même de son premier bonheur.

Dans sa rêverie, en se promenant sous les ombrages du Paraclet, il s'arrêtera, presque sans le vouloir, devant le chiffre d'Héloïse à demi-effacé par les ans, et qu'il n'est donné qu'à lui seul de reconnaître. C'est là le moment que vous aurez soin de saisir : le reste n'est digne ni de vous ni du public; ainsi conçu, Abailard peut être mis encore en scène. Autrement, il ne faut pas même y songer.

Est-ce qu'on va mener à l'échafaud ce pénitent auquel on a donné l'air d'un condamné qui s'adresse au ciel, tandis qu'une demi-douzaine de bandits à figures sinistres, placés au bas du tableau, attendent le moment de le prendre à la gorge ? — Non, c'est le général Lescure en prière au milieu des Vendéens. — Je ne saurais vous croire, car ce n'est pas avec cet air béat, qui ne tient pas même du fanatisme, que l'on fait la guerre civile. Parlez-moi de ce Charrette : il est hardiment dessiné; son attitude rappelle l'Ajax antique, et dans son exécution il fait honneur à M. Paulin Guérin. Nous ne contesterons pas à M. Robert le Fèvre le mérite d'un bon peintre de portraits; plusieurs morceaux exposés, cette année et les précédentes, l'attestent; mais nous ne lui conseillerons pas de les historier.

Certainement, voilà, sous le n° 862, un vieillard que j'ai aperçu sur la fin de la dernière exposition. Aussi, en signe de connaissance, ai-je été tenté de lui ôter mon chapeau, et peut-être me fussé-je fâché, s'il n'avait pas eu l'air d'y prendre garde, car il est plein de vie. Une de ses mains semble palper le mouchoir que porte son bureau; l'autre présente également une belle étude. L'auteur (M. Pagnest) a été enlevé aux arts dans sa vingt-huitième année. C'est une lampe qui au moins a jeté de l'éclat avant de s'éteindre.

A côté de deux corbeilles de fleurs, je vois deux portraits de femmes : dans ce placement, aurait-on songé à l'analogie? Les fleurs sont de Van-Spaendonck et de Van-Dael. La perfection et le fini du travail y sont incroyables. Non, mon ami,

au parfum près, vous n'avez rien de mieux
dans votre parterre. La corbeille au bas
de laquelle est placé un nid, est surtout
faite pour fixer l'attention. Les feuilles,
les pétales des roses les plus épanouies
laissent entrevoir les nervures et presque
les ramifications de la sève. On serait tenté
de demander à l'auteur du portrait de la
duchesse d'Osmond, si, craignant de ne
pas lui donner assez de beauté, il a voulu
au moins la faire riche? Quant au portrait en pied d'une jeune femme vêtue de
soie noire, sous le n° 649, nous ne pouvons qu'en féliciter l'original, s'il y a
ressemblance; et si c'est une veuve, nous
oserons assurer qu'elle ne manquera pas
de consolateurs. Elle ne montre pourtant
que la figure et un bout de main; mais,
dans l'abandon naturel et décent de sa
pose, dans la douce harmonie de ses traits,
il y a un charme qui ravit. Peut-être
ceux-ci seraient-ils un peu trop fondus.
Quoi qu'il en soit, ce morceau est un des
plus gracieux de ce genre. Sterne disait
plaisamment qu'il ne répondrait pas du

portrait de sa tante Dinah, si elle était peinte par Reynolds ; quant à moi, je n'oserais répondre de madame la comtesse de M***, peinte par Kinson.

L'artiste n'a pas été aussi bien inspiré dans son Duc d'Angoulême, dont la ressemblance ne nous a pas semblé frappante. La tête manque d'expression.

LETTRE V.

MM. BLONDEL, ABEL PUJOL, STEUBE, PAULIN GUÉRIN, VAFFLARD, PICOT.

Nos plus grands peintres se sont essayés sur des sujets d'église ; mais ces derniers sont loin d'être épuisés. Il en est même que l'on pourrait remanier avec avantage, en prenant soin de les rajeunir. Déjà de leur temps, les Carrache et Dominique Zampieri étaient obligés de s'écarter de la route commune. On n'est pas peintre pour savoir dessiner et colorier. L'essentiel est de composer ; et c'est dans cette partie que, parmi les artistes français, le Poussin et Le Sueur ont excellé. Voilà les maîtres dont nous ne cesserons de recommander l'étude. L'école de la nature est, à la vérité, la première de toutes : mais ce n'est pas sans guide que l'on peut y profiter.

Par exemple, dans toute action un peu importante, les jeunes peintres inclinent à entasser des figures, sans songer à la difficulté, au milieu de ces amas, de donner du relief aux unes et de faire reculer les autres : de-là, la nécessité de forcer les jours et de charger les ombres. Sage dans l'ordonnance de ses plans, le peintre des Andelys (1) se garde de grossir ses groupes; l'historien de saint Bruno (2) est encore plus sobre dans le nombre des personnages qu'il met en scène, et l'élève de Calvart (3) se préserve également de l'excès ; nous en attestons le second tableau au moins de toutes les écoles, la Communion de saint Jérôme.

----

(1) Le Poussin, né au bourg des Andelys, en Normandie.

(2) Le Sueur est principalement connu par son Histoire de saint Bruno, en vingt-deux sujets qui, avant la révolution, ornaient le cloître des Chartreux. L'enclos de ces religieux fait aujourd'hui partie du jardin du Luxembourg.

(3) Zampieri, dit *le Dominicain*, fut élève de Calvart.

J'ai vu une Assomption du Carrache. Comme cet artiste excellait à rendre les paysages, il avait eu soin de placer le tombeau de la Vierge dans un vallon ombragé ; trois des apôtres, arrivés des premiers, trouvaient le sépulcre ouvert, des fleurs éparses sur les degrés, et des linceuls pliés sur le rebord ; autant par leurs gestes que par l'expression de leur physionomie, ils annonçaient à leurs compagnons, encore éloignés, le sujet de leur étonnement, tandis que la fille du désert s'élevait avec une douce majesté vers les plaines célestes, et laissait sur la terre l'un des deux tombeaux au fond duquel retentira en vain la trompette du jugement.

L'auteur du morceau sous le n° 101 eût dû, en quelque chose, imiter cet exemple, sa composition en serait moins commune. Ce n'est pas qu'il ait pressé les figures (car l'espace est presque vide), mais la plupart manquent de proportion ou de noblesse. On adressera le premier reproche au personnage drapé de vert, qui est évidemment d'une taille trop ramassée, et à celui qui, la tête ceinte d'un turban gris, s'incline auprès du tombeau. La conformation dorsale de ce dernier, sans contredit, présente une ampleur démesurée ; le second reproche atteindra cette petite femme qui, coiffée presque en mignarde, tient un enfant entre ses bras. On se demandera ce que fait là un soldat mal appuyé sur une jambe trop courte, et qui, montrant d'une main dans les airs une Vierge trop grise, tenant de l'autre une grande pique, a l'air de veiller à côté d'une caisse de lis préparée pour une fête royale. Toutefois, M. Blondel est loin d'être sans talent ; il y a un vrai mérite dans ses plafonds, et même dans quelques parties du tableau qui provoque notre censure. Les torts de ce dernier proviennent principalement d'une composition vicieuse.

M. Abel Pujol a peut-être trop multiplié les figures dans un champ plus resserré. L'air y circule peu. Cependant, sa *Vierge au tombeau*, quoique loin de faire oublier son *Saint-Étienne*, mérite une grande attention. Le corps de Marie est bien jeté. Elle a succombé à la loi commune sans lui avoir payé un tribut de difformité. Les têtes des apôtres sont généralement belles, et l'expression de leur douleur est suffisamment sentie ; car, quand on a cru au fils, on doit tout au plus s'attendrir, mais non se désespérer sur la mère. Le groupe des saintes femmes, adossées avec un enfant au rocher à droite, est d'un bon effet ; l'artiste y a fait un usage bien entendu des demi-teintes. Nous croyons que le flambeau qui en est voisin, quoique la scène se passe en plein jour, eût dû y porter plus de lumière. La couleur a de l'éclat dans ce sujet, et nous demanderons pourtant pourquoi il y manque une certaine chaleur. Il nous semble que les draperies des principaux personnages s'étendent trop en nappes. Le style en est large ; mais encore y faudrait-il plus de coups de force dans les plis et plus de variété dans les jets. Nous serions tentés de croire que ce moyen de faire saillir le premier plan aurait été un peu négligé. Nous avons trouvé quelque chose de ba-

roque dans ce vieillard qui se cache le
visage avec la main , et dont la tête, surmontée d'une draperie, au premier aspect
accuserait un autre sexe; cet autre qui tient
les pieds de Marie, quoique Léonard de
Vinci en ait fait en partie les frais, nous
a offert de la roideur dans ses cheveux et
dans sa barbe ; pour tout dire, celui qui
s'incline, avec une physionomie à la
Henri IV, sur l'une des mains de la Vierge,
pousse un peu trop en avant, ce qui le
fait rapporter à un plan auquel il n'appartient pas. Enfin, la foule prolongée qui
descend vers le tombeau est trop uniforme
dans sa marche ; elle est toute d'une ve-
nue ; en la divisant par groupes, en les
plaçant à distance, dans un lointain moins
resserré, l'artiste eût échappé à cette mo-
notonie.

Telles sont les observations que pourrait se permettre la critique la plus sévère ;
mais les beautés sont bien plus nom-
breuses. Le dessin est peu susceptible de
reproches. Les pieds et les mains renferment de belles études ; les caractères de

tête ont de la noblesse et du naturel, aucun n'est forcé dans sa douleur, et certainement ce ne doit pas être un sujet de plaintes ; autrement il ne resterait à nos artistes qu'à retomber dans l'ancienne École, et à se faire peintres de convulsions.

Il m'est agréable d'avoir à vous parler du *Saint-Germain* de M. Steube. L'action en est bien posée ; le groupe est assez nombreux pour la faire connaître, et les figures s'y détachent les unes des autres. Il y a de la vie, il y a du sentiment et de la vigueur dans plusieurs parties de ce tableau. S'il est dû à un jeune artiste, l'École française aura un peintre de plus.

Le saint évêque, que frappent des jours trop argentins, comparativement à ceux dont brillent les autres personnages, distribue aux indigens le prix de ses biens qu'il a fait vendre. Nous voudrions adoucir sa physionomie, où domine un caractère d'austérité. Celui qui donne, selon l'Évangile, ne doit pas être moins joyeux que celui qui reçoit. Le pauvre dont la main s'étend vers le bienfaisant pasteur, nous paraît un peu trop bien nourri pour sa profession, et peut-être serait-on en droit de trouver la largeur de son omoplate exagérée. L'autre béquillard, qui est à ses côtés, regarde le saint d'un œil déjà reconnaissant dans son attente. Sa poitrine décharnée et ses clavicules à nu nous feraient soupçonner que les muscles du bras droit ont trop de saillie, et principalement le deltoïde et le biceps. Les jambes des deux mendians s'allongent d'une manière disproportionnée à leur stature. Jeté avec adresse dans l'ombre, l'épisode de la femme, dans la main de laquelle un enfant, presque en guenilles, dépose la pièce de monnaie qu'il vient de recevoir, tandis que celle-ci, qui allaite un nourrisson, tombe de sommeil, peut-être de besoin, est conçu à merveille, et la tête de la femme offre une rare beauté d'expression : dût Le Brun en avoir donné l'idée dans une de ses Descentes de Croix, nous saurons gré à M. Steube de l'avoir saisie. Un soldat tient le coffret où puise l'évêque ; un autre regarde avec une émotion naturelle, parce qu'elle n'est pas outrée ; d'autres personnages prennent, plus ou moins, part à la scène, mais ils ont été tous sagement sacrifiés à l'action principale, si ce n'est un jeune homme qui, avec une figure un peu plate, quoique le cinabre n'y ait pas été épargné, apporte les vases précieux dont Childebert fait aussi le sacrifice. Représentez-vous tout cela bien groupé, joignez-y de très-bons effets de couleur, beaucoup d'harmonie, des expressions simples et vraies, et vous aurez une idée de la composition de M. Steube.

Je ne m'étendrai pas sur la *Descente de Croix* de M. Paulin Guérin, quoiqu'elle renferme quelques beaux caractères de tête; elle est faible de dessin et de coloris. Ce dernier pousse au verd d'une manière tellement désagréable, qu'avant peu d'années il sera difficile d'y rien reconnaître.

En regardant le *Saint-Ambroise* de M. Vafflard, je ne saurais m'empêcher de gémir sur l'abus du talent. Cet artiste court après le grandiose, et il ne trouve que l'exagéré ; il aime le fracas, et il finit par ne pas animer la scène. Son feu manque de la vraie chaleur, parce qu'il est rare que sa composition ne soit tendue. Le prêtre arien que le saint, revêtu de ses habits pontificaux, veut défendre de la fureur du peuple, est bien renversé au pied de l'autel. Le diacre, en dalmatique, dont il reçoit les secours, est d'une bonne expression : son seul défaut serait d'attirer trop les regards. — Pourquoi ce furieux, armé d'une hache que repousse le geste de l'archevêque, est-il tellement près de tomber en arrière, qu'on s'étonne de le voir, une seconde de plus, dans cette attitude ? Pourquoi ce prêtre, qui assiste l'officiant, semble-t-il, du geste et de la voix, imposer à la foule avec un grand caractère ? Je sais qu'il suit l'exemple de son prélat ; mais voilà une seconde diversion à l'action principale. Enfin, l'autel où, sans doute, était commencé le saint sacrifice, se présente dans une fausse

perspective. Quelques touches heureuses et quelques bons tons de couleur ne sauraient racheter ces torts qui (nous nous plaisons à le dire) prennent leur source, non dans l'impuissance de l'art, mais dans son application fausse et mal entendue. Je voudrais bien persuader à M. Vafflard que Lucain est resté à une grande distance de Virgile ; et que le Guerchin, dans toute sa hardiesse, n'était pas digne de broyer les couleurs de Raphaël.

Pour terminer cet article, nous remarquerons que les personnages de ce tableau sont trop grands dans le rapport de sa dimension ; le cadre est si étroit pour eux, qu'ils y étouffent.

Voilà assez de sujets pieux passés aujourd'hui en revue. Je ne sortirai pas du Salon, mon cher solitaire, sans offrir quelque chose de moins grave à vos regards. Je vais vous parler de l'Amour, par M. Picot. Tel écrivain que vous connaissez comme moi, en s'apprêtant à traiter ce sujet, eût dit : « Apportez-moi des lis et des roses :

» jetez celles-ci dans un lait écumeux ;
» répandez ceux-là sur de la pourpre qui
» n'aura passé qu'une fois par la teinture ! »
Et il n'aurait pas eu le sens-commun ;
car, avec tout cela, on ne fait pas de la
chair ; on ne lui donne pas la vie ; c'est
à la palette de M. Picot qu'il faut recourir.

Sans autre ornement qu'une lyre, surmontée d'une couronne de fleurs, gage
peut-être d'une victoire qui n'a pas coûté
de larmes, le lit nuptial s'élève derrière
un rideau d'un jaune cramoisi. Des draperies blanches ou purpurines le recouvrent,
et l'œil lui prête sans peine une forme
moelleuse. C'est là, qu'également éclairée
par un jour qui vient de la gauche supérieure du tableau, repose une jeune fille
à peine entrée dans son quinzième prin-
temps. Mais si jeune qu'elle soit, elle
possède déjà tous les attraits qui devaient
séduire un dieu. C'est en vain que les
tissus, dont elle est entourée, luttent
d'éclat avec la neige ou la rose, et qu'un
coussin de couleur citrine a été placé sous
sa tête charmante, dont les tresses sont à

demi-déroulées ; c'est en vain que le visage se présente de face, et que le corps, couché sur le dos, n'offre, dans la prolongation des cuisses et des jambes, qu'une ligne droite, tandis qu'un voile, du blanc le plus pur, recouvre celles-ci, sans les dérober aux regards ; ces lignes, ces teintes, ces tapis, cette attitude ont beau être ingrats, la lumière a beau frapper également toutes les parties que nous venons de décrire, Psyché reste belle, Psyché reste ravissante.

Elle n'a pas toutes les grâces formées de la femme ; mais elle brille de fraîcheur et de jeunesse. Son sein a reçu les proportions heureuses dont André-del-Sarto a fourni le modèle (1) ; son sommeil est doux ; un songe l'embellit, ou plutôt l'impression, produite par la présence d'un dieu, subsiste encore sur les lèvres demi-closes ; ses traits sont animés d'un

---

(1) Il s'agit ici d'une figure à mi-corps, du cabinet Cavaceppi, citée par Vinckelmann, comme offrant par excellence le type d'un sein virginal.

léger incarnat ; ils respirent une volupté tranquille, j'oserais presque dire une volupté décente. C'est dans un de ces momens que l'Amour, quittant et la couche nuptiale, et l'oreiller jumeau sur lequel sa place est encore empreinte, soulève du bras gauche le rideau interposé entre Psyché et le spectateur. Un pied à terre, l'autre encore sur la couche, il regarde de côté. Ce n'est pas assez que d'avoir triomphé, il veut contempler sa conquête, et il lui donne un de ces coups-d'œil où se confondent l'orgueil de la possession et la réminiscence du bonheur.

Telle a été l'idée du peintre, et il faut convenir qu'à beaucoup d'égards il l'a parfaitement exprimée. Nous avons parlé de sa Psyché : elle serait dessinée avec une correction rigoureuse, si le bras droit n'était un peu court dans sa partie inférieure, et si la main elle-même n'y manquait pas d'un certain développement. Par une magie surprenante, la tête, de quelque côté qu'on la regarde, est ronde de bosse et n'en conserve pas moins un effet enchanteur. Quant à l'Amour, il est difficile d'y trouver matière au plus léger reproche. De son front, autour duquel se groupent des cheveux négligemment annelés, une ligne flexible coule jusqu'à la plante de ses pieds qui sont de la plus jolie forme, mais peut-être un peu trop féminine. Le raccourci de la jambe gauche ployée sur le lit, est tellement naturel, qu'on serait tenté de savoir gré à l'auteur d'avoir transformé une difficulté en véritable grâce. Dans le corps de cet adolescent, tout est senti et rien n'est prononcé : des ailes s'ajustent à ses épaules dans une proportion agréable ; on conçoit qu'avec elles il soit facile de voler ; elles semblent même donner à la figure quelque chose de céleste et d'aérien. Mais ce qui, selon moi, fait le mieux briller le talent de l'artiste, c'est l'attention qu'il a eue de la placer dans la demi-teinte, et d'y laisser poindre une nature supérieure sous sa touche fine et moelleuse. Il fallait en effet que le corps du plus beau de tous les dieux ne se présentât

ni avec perte, ni avec trop d'avantage à
côté de celui de la plus belle des mortelles.
Aussi, le premier est-il disposé de manière
que le jour, en le frappant par le dos,
n'éclaire que des contours, à la réserve
du bras droit et de la jambe gauche qui
participe à la lumière répandue sur la
couche; car le reste, pour ainsi dire, se
fait ombre à soi-même. De-là, une diver-
sité de nuances entre les deux figures;
de-là, un léger contraste d'effets et une
douce harmonie du tableau. Ainsi le talent
se ménage des oppositions que le genre du
sujet semblait lui refuser. Toute la personne de l'Amour est pleine de l'antique;
mais ce n'est ni un marbre ni une statue.
Sa suite est déjà indiquée. Le rideau,
dont la chute va la décider, est roide, et
ses plis ont de la sécheresse. Serait-ce
que l'artiste eût voulu laisser cette seule
part à la critique? Serait-ce qu'à si peu
de frais, il prétendrait se faire pardonner
de s'être élevé presque au beau idéal?

LETTRE VI.

MM. BORDIER, DE JUINES, DROUILLIÈRE, VIGNE-
RON, SCHEFFER, GRANGER, LA GRENÉE, LEROI,
MÉNARD, LORDON, DELORME, Mlle LESCOT,
MM. RICHARD ET BOILLY.

Je vous ai entretenu de sujets d'église
dans ma dernière lettre, et, faisant suc-
céder le profane au sacré, sans autre tran-
sition, je vous ai parlé du charmant tableau
de l'*Amour* par Picot. J'ai dit beaucoup
de bien de cet ouvrage, et je remarque,
avec une sorte de dépit, que deux des
compositions les plus recommandables,
dont se soit enrichi le Salon de 1819,
viennent de Rome. Cette terre classique
des beaux-arts aurait-elle donc le privilége d'inspirer le talent ? Son atmosphère,
ses sites, son ciel, ses ombrages, seraient-
ils seuls en possession de parler à l'ame

et d'exalter la pensée créatrice? Nous ne
le croyons pas. Cependant il faut expliquer le mystère de cette suprématie qui
semble consoler la Rome moderne de la
déchéance de la Rome républicaine et im-
périale. Chose remarquable! c'est le goût
de l'antique qui fait encore la fortune de
cette reine détrônée. Son pouvoir lui est
échappé; il est même probable qu'elle ne
le ressaisira pas; mais elle vit, pour ainsi
dire, de sa gloire passée. Son costume
large et fier, depuis sa chute, n'a jamais
été moderne : elle a le bon esprit de se
complaire dans ces restes d'une grandeur
qui ne peut renaître. Ils remuent au moins
des souvenirs dont elle tire avantage; car
le temps qui a paralysé sa force physique,
qui, tous les jours, ruine sa force morale, lui a laissé les signes d'une puissance
imposante encore par ses débris. Dans ces
débris, dans les productions auxquelles
ils ont servi de modèles, rien de mesquin, rien de factice : tombeaux, statues, obélisques, fresques, arcs de triom-
phes, colonnes, bas-reliefs, tout a du style

chez elle, parce que ses premiers artistes se sont trouvés, presque en naissant, entourés de chefs-d'œuvre. Héritiers des spoliateurs de la Grèce, ils ont transmis le dépôt d'un goût pur à leurs successeurs, ainsi que, sur la même terre, les Vestales se passaient le feu sacré.

Au contraire, dans les autres Écoles de l'Europe, faute de guides sûrs, on a tâtonné, on s'est égaré. On avait bien à côté de soi la nature; mais on ne pouvait la suivre, par cela même que les artistes qui ont le malheur de se produire dans des sociétés déjà vieillies, sont obligés de se soumettre aux caprices des hommes dont la fortune et la puissance commandent, en définitive, au génie lui-même. Vainement ce dernier s'essaie-t-il à briser ses entraves; vainement se hasarde-t-il dans des routes qui n'ont pas été explorées : la mode est là pour arrêter ses efforts. De son sceptre de plomb, elle pèse sur la tête de l'écrivain, sur le bras de l'artiste ; elle souffle son humide et froide vapeur sur les ailes qui tenteraient un vol auda cieux. Que fait alors le génie? il retombe, et les Dorat et les Vanloo prennent sa place.

Les talens ne peuvent qu'être en harmonie avec les mœurs et les usages. Les approches de la révolution française, chez nous, préparèrent celle des arts. Le séjour, dans Paris, des chefs-d'œuvre grecs et italiques, décida cette dernière. Mais le dirai-je? leur départ n'a pas été sans influence sur notre École! Déjà la pureté du dessin s'altère, et, en passant avec rapidité devant plus d'un tableau de la présente exposition, je serais tenté de m'écrier : « David, où êtes-vous donc? »

Je vois trois ou quatre manières menacer la peinture d'une irruption prochaine. L'une, remarquable par sa sécheresse, tient de la ligne droite, et n'a pas même le développement de la statue, dont elle accuse l'étude servile. C'est elle qui domine dans le *Lycurgue* de M. Bordier, dans la *Cérès* de M. de Juines, dans le *Télémaque* de M. Drouillière, et le *Christophe-Colomb* de M. Vigneron. Nous la retrouverons jusques dans ces *Bourgeois de Calais*, parmi lesquels je cherche vainement la noble figure d'Eustache de Saint-Pierre, qui ne nous a pas été transmise par les peintres du temps, mais dont le type convenu est presque consacré. Ici, tout est perpendiculaire; tout est arrêté et rien n'a de relief; tout se montre, et rien n'avance ni ne recule. Malheureuse toile sur laquelle le pinceau a pesé comme un scalpel, plus qu'il n'y a déposé l'image d'une action à peine conçue dans la pensée de l'artiste! On dit ce dernier fort jeune : son ouvrage n'est pas sans mérite du côté de l'expression. C'est une qualité qu'on ne peut tenir que de la nature. Celle-ci nous fait donc une promesse en faveur de M. Scheffer : espérons que, par son travail, il se mettra dans le cas d'éviter le protêt.

M. Granger n'a-t-il pas pas payé un fatal tribut à cette ligne droite? Le Glaucus de son tableau, sous le n° 125, est à la vérité d'un bon dessin ; mais l'Homère, trop également colorié dans toutes ses

chairs, ne rappelle-t-il pas la roideur immo-
bile du marbre, et cela dans un moment
où le péril dont il est menacé devrait communiquer plus d'action à sa personne?

Certes, l'*OEdipe* de M. Lagrenée n'eût
pu dire de lui-même, en racontant la que-
relle par laquelle il préluda au meurtre
de son père Laïus, qu'alors il était jeune
et superbe; car ses formes sèches et l'extrême tension de ses muscles, à son visage
près, me le feraient moins croire descendu
de son char pour se mesurer avec un passant, qu'échappé tout nu de son lit dans
le paroxisme d'un délire fiévreux. Nous
voudrions dégoûter une bonne fois les
artistes de cette fureur qu'ils ont, sous
prétexte de temps héroïques, de nous
offrir des nudités ridicules. Cette disconve-
nance, mal justifiée par la contagion d'un
grand exemple, est d'autant plus déplacée
ici, que l'œil d'un père pourrait très-bien
reconnaître, dans des membres décou-
verts, et qui portent souvent des signes
particuliers, le fils qu'un premier aspect
fait échapper à sa mémoire. Le casque en

tête, quand le corps est sans défense, tient de la caricature, n'en déplaise aux amateurs de l'antique. Il est des hardiesses permises au ciseau, mais que le pinceau réprouve, par des raisons trop difficiles à développer dans une simple lettre.

La ligne droite ne nous poursuit-elle pas dans cet *Énée* sans dignité, qui, avec un air de matamore, une large poitrine en avant, et les épaules disloquées par un faux geste, saisit le bras d'une Hélène, dont la figure commune aurait incendié l'Asie à bien peu de frais? M. Leroi n'a donc pas d'imagination, puisqu'il n'a pas trouvé chez lui les modèles d'une autre Vénus que celle qui arrête ici la colère du héros troyen, d'une autre beauté que celle qui la provoque? Il n'a donc jamais vu de femmes qui eussent de l'ascendant dans leurs prières ou des charmes dans leur douleur? S'il en est autrement, son pinceau est aussi mal-habile à rendre ce qu'il a senti que ce qui s'est offert à ses regards.

Non, je ne sortirai pas des influences fatales de la ligne droite, sans signaler à vos yeux les sacrifices que lui a faits, avec tant de zèle, M. Liénard, quand il a célébré la *Fidélité des Rémois*, chez lesquels on eût pourtant désiré un peu moins de roideur dans les formes et de crudité dans le coloris. Le même reproche atteindra, mais avec moins de force, le *Saint-Marc* de M. Lordon. Ou la notice de ce tableau est défectueuse, ou l'action est mal exprimée ; car il me semble que non-seulement on arrache à l'autel l'apôtre garotté, mais même que l'on s'apprête à immoler, sous les yeux de sa mère, un jeune néophite qui, de sa tête inclinée, couvre un livre d'Évangiles dont la forme est un anachronisme. C'est sur cette scène que se fixe principalement l'attention. Il y a donc ici, pour le moins, partage d'intérêt. Une femme tenant dans ses bras un enfant effrayé, offre, au pied de l'autel, un groupe vrai d'effet et bien drapé ; une autre debout, à peu de distance, est également bien dessinée et d'un bon ton de couleur. On regrette que cette composition, comme la précédente, abonde en bras et en mains tendues d'une manière uniforme. De bon compte, on en trouverait une douzaine. Est-ce que le Serment des Horaces, où cette attitude était obligée, serait devenu contagieux dans l'École ?

Une seconde manière, moins désagréable à l'œil, mais également vicieuse dans ses excès, puisqu'elle ne s'éloigne pas moins de la nature, c'est cette rondeur de formes adoptée par quelques artistes qui visent à la grâce. Voyez la Descente de Jésus dans les limbes, par M. Delorme : tout y est dessiné au cercle. Les épaules des hommes comme celles des femmes, les bras des vieillards comme ceux des adolescens des deux sexes, y affectent une extrême mollesse de contours. La figure de Jésus n'a pas toute la dignité que nous y eussions souhaitée. S'il descend, c'est sans jeter un regard sur les êtres dont il a fait la longue attente. L'Abel (car nous prenons pour tel le personnage qui se montre, les reins entourés d'une peau, à la droite du spectateur) eût pu être plus heureusement costumé. En général, ce tableau

prétend à un effet ossianique, et les rémi-
niscences de l'auteur ne sont pas accom-
pagnées de cette verve qui les lui rendrait
propres. Son coloris a une sorte d'éclat
sans chaleur. Cependant ce serait se trom-
per que de le croire dépourvu de talent.
Qu'il quitte la manière, et il fera du bon.
Son sujet était de commande, et il eût
fallu réfléchir pour le subordonner à une
action principale qui, seule, y eût jeté
de l'intérêt. En attaquant un autre usage
répréhensible, suivi par quelques-uns de
nos bons peintres de genre, nous trou-
verions l'occasion d'indiquer à la curiosité
publique les ouvrages d'un de nos artistes
les plus gracieux, si déjà cette curiosité,
éclairée par le sentiment, n'avait su les
découvrir et s'en repaître. Pourquoi, avec
autant de talent que d'intelligence, mademoiselle Lescot, depuis deux ans, semble-
t-elle avoir changé son pinceau ? Placée
dans un rang où elle comptait tout au plus
quelques émules, mais non des maîtres,
elle ne pouvait que perdre en cessant
d'être elle-même. Nous en prenons à té-

moin la charmante Scène villageoise qui se voit chez M. le secrétaire-général du ministère de l'intérieur, et l'Ermite qui appartient à M. le conseiller d'État Degérando. A Dieu ne plaise qu'il entre dans notre pensée d'atténuer le mérite des tableaux dont la même main a orné le Salon de 1819. Le sujet du *Meûnier, son fils et l'âne*, est plein d'esprit et de bonhomie. En voyant le père juché sur le pacifique animal, dont il semble de la tête suivre l'allure, tandis que le jouvenceau marche en arrière, plaint qu'il est par trois jeunes filles à la mine éveillée, on croit lire une fable de La Fontaine, on la récite même. L'intérieur du *Cloître de la Trinité-des-Monts*, à Rome, offre de bons effets de jour ; le ton en est vrai. Le cénobite qui s'y promène, et le mendiant appuyé sur une balustrade, sont pleins de naturel. Nous en dirons autant des *Deux Religieuses* en prière, sous le n° 769. L'une, dans la ferveur de la jeunesse et dans l'innocence de sa pensée, se livre à une douce inspiration, tandis que debout, près d'elle, avec un air composé et un discret contentement, sa compagne, plus âgée, rend grâces au ciel du rôle qu'un mérite reconnu lui a permis de jouer dans la communauté. Ces deux figures sont traitées avec finesse ; elles semblent se détacher de la toile pour nous faire une petite révélation de ce qui se passe dans la vie monastique.

« Où sont donc les torts de mademoi-
» selle Lescot, me direz-vous, puisqu'elle
» obtient de vous des éloges dont, pour le
» dire en passant, votre plume est assez
» économe ? » — Eh bien, j'en veux à cet artiste et à quelques autres, d'affecter une manière expéditive dans des sujets qui, par leurs dimensions, sont susceptibles de recevoir un fini auquel mademoiselle Lescot elle-même nous avait accoutumés. Faits pour être vus de près, les tableaux de genre comportent une suavité de tons et une finesse de pinceau qui se perdrait dans les grandes fabriques. Que l'on y prenne garde ! cette manière que je viens de signaler, et qui vise à des effets résul-

tant d'une touche spirituelle, mais négligée, nous ramènerait infailliblement au mauvais goût de l'époque où le peintre ne se donnait pas la peine de dessiner les membres de ses personnages, et où de prétendus amateurs se pâmaient d'aise sur d'imparfaits croquis. Alors vous eussiez dit de la peinture une énigme dont quelques fins connaisseurs se vantaient d'avoir le mot. Certes, la *Diane de Poitiers* qui demande la grâce de son père, est charmante; le Roi qui la relève, dans son coup-d'œil que, par respect pour la majesté du trône, je ne me permettrai pas de qualifier, annonce déjà les projets qu'il médite; mais je ne saurais, malgré tout cela, m'empêcher d'engager mademoiselle Lescot à terminer un peu plus ses figures; bien entendu qu'il ne s'agit pas ici du François Ier, dont la tête est peut-être trop fondue.

Je tiendrai le même langage à M. Richard qui, dans son *Tanneguy du Châtel,* a probablement oublié que le Dauphin, d'ailleurs fort bien jeté sur les bras de ce fidèle sujet, n'est qu'une esquisse dont, sans doute, il n'aura pu terminer les parties les plus essentielles avant l'exposition. C'est en vérité dommage, car ce tableau promettait. On y remarque un grand lévrier d'une vérité frappante, à la jambe droite près, fracturée ou mal dessinée.

M. Boilly s'est donné plus de peine, peut-être un peu trop, car toutes les parties de sa composition sont également soignées ; il n'a su rien sacrifier. Quoi qu'il en soit, son *Ambigu-Comique*, un jour de représentation gratuite, ne manque point d'effet et encore moins de vérité. Les costumes, les expressions, tout y est dans la nature ; la foule y est pressée, et pourtant elle est sans confusion. On sait à qui appartiennent les bras, les jambes, les têtes et les chapeaux. Le jeune homme et la dame qui prennent en dehors leur part du spectacle, en suivant de l'œil un mouvement onduleux dont il ne serait pas prudent d'approcher de trop près, sont bien posés. L'habit français, sur le premier, ne manque pas de grâces. Deux têtes d'enfant nous ont paru trop fortes ; une autre, à la droite, trop vivement coloriée. Il y a de l'air, il y a du tapage dans ce petit cadre. Mais échauffer un plus grand espace, est bien une autre affaire. Ici le talent suffit ; là il faut le génie de la composition ; car c'est la composition qui donne l'ame au tableau ; c'est elle qui décide si le peintre bravera les outrages du temps, et si même, après avoir succombé dans ses œuvres sous la faux de celui-ci, il n'en planera pas moins sur l'abîme des siècles, comme cet Appelles dont, au rapport de Pline le naturaliste, on montrait à Rome, avec respect, une toile où, à la réserve de trois ou quatre coups de pinceau encore apparens, tous les objets échappaient à l'œil du spectateur.

LETTRE VII.

MM. MAUZAISSE, GUILLEMOT, BOUILLON, DUCIS, MENJAUD.

J'ESSAIERAI de vous prouver, dans cette lettre, si je ne l'ai déjà fait, qu'il est encore parmi nous des peintres dont le génie n'est pas trop rebelle quand il s'agit d'ordonner un tableau. Mes précédentes vous ont dit combien cette partie de l'art est importante. Des exemples choisis dans le Salon même mettront cette vérité hors de doute. Les uns vous prouveront avec quelle facilité l'artiste a groupé ses personnages et leur a donné l'expression convenable, dès que son action a été bien disposée; les autres seront un témoignage des obstacles qu'il a eu à vaincre, et du talent d'exécution avec lequel il s'est vu

forcé de couvrir, mais toujours imparfai-
tement, les torts d'une composition vicieuse.

Voyez le *Laurent de Médicis*, par
M. Mauzaisse : ce cadre, qui offre une
réunion d'hommes célèbres, occupés à
entendre le philosophe Lascaris, dans les
jardins du prince leur protecteur, renferme
un grand nombre de personnages si heureusement distribués, qu'ils forment, à
bien dire, plusieurs groupes épars, mais
subordonnés à l'action principale ; car les
yeux se portent naturellement sur le centre
de la toile, où, sans appartenir au premier
plan, Laurent de Médicis, la duchesse des
Ursins et son enfant, par le respect dégagé
de contrainte qu'inspire leur présence,
jouent évidemment le premier rôle. Plus
de vingt figures sont rassemblées dans ce
tableau ; chacune d'elles en dépend ; chacune d'elles le complète, y est même
presque essentielle, et aucune n'y jette de
confusion. Je vois des épisodes, et ils se
rapportent tous à un intérêt commun :
plusieurs écoutent ; sans troubler la lec-

ture, il en est qui se permettent des observations sur la matière traitée par Lascaris, ou des réflexions sur quelque autre plus en rapport avec leurs études. Ainsi, voyez-vous groupés, à la droite du spectateur, le Titien, Léonard-de-Vinci, et Michel-Ange, si bien faits pour s'entendre ; tandis que Raphaël, jeune encore, observe ; que, non loin de lui, Léon X, beaucoup plus jeune, mais déjà décoré de la pourpre romaine, semble, par une attention prématurée, préluder à la protection des arts, et que, abandonné à lui-même, dans un coin, à la gauche, Machiavel médite solitairement l'un de ces traités, où il apprit aux hommes à s'estimer peu, et à soumettre au calcul des résultats positifs leurs vices et leurs vertus, leur haine et leur amour.

Indépendamment de plusieurs ressemblances très-caractérisées, ce tableau est plein d'harmonie. L'air y circule entre les têtes ; celles-ci s'y détachent les unes des autres sans tours de force comme sans sécheresse ; les figures sont animées sans exagération, ou calmes sans froideur; le clair-obscur est mis à profit dans quelques-unes, sans les éteindre; l'œil en parcourt les groupes avec plaisir et aime à se reposer sur l'ensemble; enfin, cette composition a le mérite de réveiller un léger souvenir de la plus belle fresque du Vatican, je veux dire cette école d'Athènes, dont le carton poncé par Raphaël lui-même, a fait la gloire du Salon de 1801. Ajoutons que l'étude de Paul Véronèse s'y fait également sentir. Quand on est assez heureux pour avoir quelque chose de commun avec de tels maîtres, on a bien des droits à l'indulgence; et nous pardonnerons à M. Mauzaisse, sans toutefois la dissimuler, l'ampleur dorsale ou pectorale de trois ou quatre de ses personnages, tels que le Bramante, la duchesse des Ursins et le duc d'Urbin. Cette exagération est bien réelle dans les figures que nous venons de désigner; mais (nous nous en permettrons la remarque) elle est encore plus choquante dans Laurent de Médicis, dont les traits sont absolument ignobles. Cette tête devrait être tout-à-fait étonnée de se trouver là. Si elle nous a été transmise telle à travers les âges, eh bien! c'était une ressemblance qu'il fallait ennoblir! M. Mauzaisse nous a prouvé que son pinceau était capable de plus grands miracles. En reconnaissant de belles parties dans son talent, nous l'engageons, et pour cause, à se surveiller lui-même, quand il s'agira de donner de la grâce ou de la dignité à ses expressions.

Le Jésus qui ressuscite le fils de *la veuve de Naïm*, nous offre une composition bien entendue. M. Guillemot a su y éviter la confusion, en plaçant ses personnages au moins sur deux plans, à la manière de Jouvenet dans son Lazare ressuscité, et de presque tous les artistes de quelque renom qui ont traité de pareils sujets.

Elevé sur un tertre, tandis que l'on descend le jeune Naïmite vers le lieu de la sépulture, Jésus parle, et soudain la tête se redresse légèrement, les lèvres s'entr'ouvrent, les yeux s'animent, les bras s'étendent, et l'esprit de vie commence à circuler dans tous les membres. Ce moment est bien saisi. Mais pourquoi la veuve détourne-t-elle ses regards du fils qui lui est rendu ? Le front incliné sur la main de Jésus, pourquoi paraît-elle se livrer à un simple attendrissement, quand toutes les puissances de son ame doivent être ébranlées ? Le moment de la reconnaissance serait-il déjà venu ? non : il serait prématuré. Craindrait-elle de succomber à sa joie ? nous ne saurions le croire ; car le Ciel serait trop rigoureux si, après avoir suffi à toutes les crises de la douleur, le cœur d'une mère était sans capacité pour des émotions d'une autre nature. La veuve de Naïm devait donc être toute entière au grand événement qui s'opérait pour elle ; et, en admettant qu'elle eût une main à étreindre dans les siennes, n'en doutons pas, ce ne pouvait être que celle de son fils lui-même.

La surprise mêlée d'effroi des porteurs du corps, peu familiarisés avec de telles

scènes, l'étonnement moins prononcé des
Apôtres, parce qu'ils doivent commencer
à croire; la malveillance qui transpire sur
une ou deux têtes judaïques, jetées habilement en arrière ou dans la demi-teinte,
attirent, tour à tour, les regards sans
nuire à l'unité du tableau, conservée par
un bon effet des dégradations dans les ombres et dans les lumières. Seulement on
eût désiré, pour les parties principales,
plus de coups de vigueur. Quant à cette
longue file de peuple qui suit obliquement
le cercueil, entre deux murailles bien ali-
gnées, elle nous a paru de mauvais goût.
Quoi! c'est aux environs de la petite ville
de Naïm que la scène se passe, et je n'a-
perçois ni palmiers ni sycomores! Quand
est-ce donc que le peintre nous transpor-
tera dans les pays dont il prétend mettre
les habitans sous nos yeux? quand est-ce,
si ce n'est dans de telles occasions, que
son pinceau, adroitement cosmopolite,
nous enlèvera à des fabriques, dont l'aspect tient toujours, plus ou moins, de la
triste uniformité des cités modernes? En y

réfléchissant mieux, au lieu de copier avec
une sorte d'exactitude scrupuleuse, l'entrée du cimetière de Vaugirard, M. Guillemot eût donné à son sujet la couleur
locale qui lui manque.

On eût souhaité un peu plus de relief
dans le costume de la veuve, trop également drapée de noir. Il y a aussi quelque
chose d'outré dans les muscles supérieurs
du bras le plus apparent qui soutient la
pierre tumulaire du caveau ; mais, comme
repoussoir du premier plan, cette exagération est jusqu'à un certain point justifiée.

Le même sujet a été traité, dans un
tableau de chevalet, sous le n° 135, par
M. Bouillon. Cette composition, un peu
faible de coloris, est sage et le dessin en
est correct, ce qui n'est pas un mince
mérite. Jésus, au pied duquel se jette la
veuve de Naïm, qui, les yeux tournés
vers son fils, laisse tomber de l'une de
ses épaules, un manteau lilas, dont la
teinte et le papillotage ne sont pas heureux, s'est avancé au-devant du convoi.

Son caractère de tête est d'une simplicité noble. Il prend la main du cadavre, et la mort le cède à la vie. Seulement, on souhaiterait que la couleur de celui-ci fût moins grise et se ressentît davantage de l'effet de la parole divine. Les expressions de physionomie des témoins sont toutes en concordance avec l'événement ; entre autres, nous avons remarqué celle d'un adolescent d'un effet très-agréable dans la surprise qu'il éprouve. Trois apôtres, largement drapés, se montrent à la droite du spectateur et prennent part à l'action. Ce tableau indique un élève nourri à l'école du Poussin. Le peintre des Andelys n'eût probablement pas dédaigné d'avouer M. Bouillon pour tel.

La mort du Tasse a exercé les talens de deux de nos artistes; et, comme de raison, la composition la plus simple est en même temps la mieux ordonnée. Dans toutes les deux, le poëte, à la veille d'être couronné au Capitole, vient de terminer une carrière cruellement agitée, au milieu même des apprêts de son triomphe. Ses amis en pleurs honorent ses restes d'un dernier hommage , et , par les mains du cardinal Cinthio, ils déposent sur sa tête le laurier dont elle devait s'ombrager d'une manière plus solennelle.

M. Ducis a répandu sur sa toile les couleurs vives et la lumière à flots. On ne sait si celle-ci est toute factice, ou si le jour y a quelque part. Dans le premier cas , on rencontre des effets difficiles à expliquer. Ses figures ont peu de relief ; la crudité du vermillon employé aux vêtemens du cardinal , absorbe tout ce qui l'environne, et l'éclat de la composition , surchargée de flambeaux, a quelque chose de tellement uniforme que la vue ne sait où se reposer.

Chez M. Menjaud, au contraire, l'action est saisie du premier coup - d'œil. L'attention se fixe sans peine sur le cardinal Cinthio, dont le corps est bien posé, et dont la main s'étend naturellement vers la tête épique qui, depuis Virgile, célébra le mieux les héros. Trois jeunes Romains, vêtus de noir, agenouillés au pied du cer-

eneil, et dont les profils se rappellent trop
également, portent avec respect, sur un
coussin de velours cramoisi, le livre par
lequel le Tasse a été bien mieux immor-
talisé que par les tardifs honneurs rendus
à sa cendre. Ce groupe, assez largement
traité, est d'un bon effet d'opposition. A
la gauche du spectateur, dans la demi-
teinte, un ecclésiastique, remarquable par
l'austérité de ses traits, récite, devant un
prié-Dieu, les psaumes consacrés à la douleur, tandis que, de l'autre côté, vers
le fond du tableau, les moines de Saint-
Onuphre, un cierge à la main, descendent,
dans un profond recueillement, les degrés
qui mènent à la chapelle. Quelques-unes
des physionomies de ces religieux ne manquent pas d'expression. Nous voudrions
pouvoir en dire autant du jeune homme
habillé de vert qui, avec une figure très-
insignifiante et une attitude assez roide,
se tient debout au premier plan. En général, ceci étant une composition de chevalet, et même dans des dimensions un
peu resserrées, on y souhaiterait quelque

chose de plus caractérisé dans les personnages.

En effet, comme je l'ai déjà remarqué, plus le champ de la composition est resserré, plus le spectateur a le droit d'être exigeant en fait d'exécution, car moins grandes ont été les difficultés à vaincre. Aussi, à mérite égal, aurez-vous trente peintres de genre, pour un peintre d'histoire.

A ce premier titre, du moins dans le moment présent, M. Menjaud ne trouvera pas mauvais que nous examinions, avec quelque sévérité, sa *Communion de la Reine*. Le dénûment que l'on remarque autour de Marie-Antoinette, et le mauvais tapis de lisière sur lequel elle est agenouillée, contribuent d'autant plus à l'effet, qu'ils sont historiques. Mais l'artiste a sûrement oublié que la femme dont il nous retrace trop faiblement les traits, n'a pas été prise dans les rangs obscurs des familiers du malheur! Le ministre qui lui apporte le pain eucharistique devrait laisser lire sur sa propre physionomie le double sentiment de la pitié que réclame une grande infortune, et du respect avec lequel il voit à ses pieds la fille des Césars. Si à travers ces impressions on pouvait y démêler encore la ferme croyance dans le Dieu qui frappe et qui console, le tableau serait achevé. J'ai quelques raisons de douter que la figure de M. Magins, aujourd'hui curé de Saint-Germain-l'Auxerrois, ait le mérite de la ressemblance ; à coup-sûr elle n'a pas celui de la noblesse, et c'est un tort de l'artiste envers ce vénérable pasteur, car il est des conjonctures tellement solennelles, que personne ne saurait se soustraire à leurs effets ; mademoiselle Fouché et les gendarmes, dans le tableau que je soumets à ma critique, semblent se préparer à un acte de religion, ainsi qu'ils l'eussent fait à Saint-Sulpice ; leurs paupières baissées indiquent le recueillement. Je me trompe d'une manière étrange, si les choses devaient se passer ainsi.....

Quoiqu'il y ait un bon ton de couleur locale et une entente assez heureuse de lumière dans cette petite composition, nous croyons que c'est un ouvrage à refaire; et connaissant aujourd'hui le talent de l'auteur, volontiers nous l'en chargerions lui-même.

LETTRE VIII.

*Tableau de l'Amour et Psyché, par M. DAVID.
— Départ de la duchesse d'Angoulême,
par M. GROS.*

Les anciens divinisaient toute la nature. Peut-être ce polythéisme fut-il le résultat du sentiment qui leur révélait la présence d'un Dieu dans les moindres objets de ce vaste univers. Le mouvement et la vie sont, en eux-mêmes, quelque chose de si extraordinaire, qu'ils durent s'attirer les hommages partout où ils se présentaient, partout où se manifestaient leurs effets. L'homme commença par adorer, et il raisonna ensuite ; mais le raisonnement ne put que confirmer l'adoration, en ce qu'elle implantait sa racine dans les besoins de notre cœur, comme dans la conscience de notre faiblesse. Chaque ruisseau conserva donc sa nymphe, et chaque bosquet sa dryade.

Les philosophes vinrent après les poëtes, ou plutôt ces derniers se firent les prêtres des familles éparses, et consacrèrent, dans des chants religieux, le fruit de leurs réflexions. Les grands mouvemens qui agitent la nature humaine ne purent leur échapper. Ils virent la haine dresser ses piéges, et la discorde mettre les armes à la main des peuples : il fallut payer à toutes les deux un tribut de terreur. Triomphant, on vint à s'attendrir sur le sort d'un ennemi vaincu ; malheureux soi-même, on eut recours à la clémence : la pitié eut ainsi ses autels.

Au milieu de ces affections, dont un grand nombre appartient particulièrement à notre espèce, on reconnut qu'un sentiment tendre et terrible, doux et indomptable, entraîne l'universalité des êtres dans une même sphère d'activité ; on le vit régner sur la terre comme dans les airs, au sein des ondes comme dans les entrailles de la roche souterraine. On ne put se dissimuler que son empire s'exerce avec d'autant plus de violence, que l'être auquel

il s'attache a reçu plus de facultés en partage. L'union des sexes, dans l'espèce
humaine, le dévoila tout entier : l'*Amour*
fut un dieu ; prompt dans ses effets, il
fut armé de flèches ; ardent et vivifiant
de sa nature, il traversa les airs avec un
flambeau.

Mais c'est sur l'ame qu'il agit principalement dans l'homme ; il la domine, il
l'enlève à elle-même, pour la joindre à
l'objet aimé. Il fallut personnifier cette
faculté qui lui est soumise, et *Psyché*
naquit ; les platoniciens virent, dans cette
fusion, l'attrait par lequel chaque être est
convié de s'unir à son principe. Ce fut
pour eux un emblème de perpétuité, et
Psyché elle-même, qui n'était à leurs yeux
qu'un être symbolique, fut encore sim-
plifiée dans son image. Au cabinet du
Roi, sur plusieurs antiques, vous trouverez le sage Pythagore, d'un air rêveur,
regardant un papillon.

Tantôt l'Amour veut se nourrir de sentimens purs et exaltés, tantôt il se borne
à s'attacher aux formes corporelles.

C'est dans ce second état que l'un des plus grands peintres du siècle, que le père de l'École française a voulu nous le présenter. Son projet était-il susceptible d'une exécution heureuse? c'est sur quoi nous hasarderons bientôt notre jugement.

Le tableau de M. David n'est pas au Salon; mais il a paru dans la période de temps dont nous examinons les produits; il est l'ouvrage d'un artiste français; l'urbanité de M. le comte de Sommariva permet à tous les yeux de s'en repaître: il rentre donc dans notre domaine, et l'intervalle de trois ou quatre rues ne fait rien à l'affaire.

Sur un lit de modèle antique, Psyché repose: son sommeil est profond; il a le calme du bonheur et de l'innocence. C'est bien là cette mortelle à la possession de laquelle un de ses semblables ne pouvait prétendre! Le pinceau de M. David ne lui a donné de matière que ce qu'il en fallait pour fixer la beauté dans des proportions humaines. Psyché est une femme; mais cette femme devait être la rivale de Vénus, et l'artiste lui a fait accomplir sa destinée. Des draperies de teintes sombres mettent en évidence la blancheur et l'éclat de ses chairs, qui pouvaient bien se passer de ce prestige, tant le coloris en est vrai et flatteur à la fois. Toute sa personne se développe dans des proportions pleines d'harmonie. On reconnaît que les parties de ce beau corps sont faites l'une pour l'autre ; elles s'appellent, à bien dire. Relevé avec grâce, le bras gauche s'arrondit, en manière de turban, sur la tête que l'on regrette de voir seulement de profil. La respiration semble communiquer un mouvement onduleux au sein, dont la double éminence réveille l'idée de tout ce qu'il y a de ravissant dans la nature. Le dessin des formes est généralement assez senti pour accorder à l'œil que Psyché est une fille de la terre ; il est assez coulant pour apprendre à la pensée qu'elle est digne d'appartenir à l'Olympe. Aucun voile ne dérobe aucun de ses charmes. Ses genoux se renflent légèrement dans l'intérêt des articulations ; et l'une de ses jambes, posée sur l'autre, n'en permet pas moins de suivre les contours de toutes les deux, dans les dimensions les plus favorables à la beauté. Le bras droit porte, avec abandon, sur une des cuisses de l'Amour étendu près de sa jeune épouse, et formant avec elle un contraste qui entrait sans doute dans les vues de la composition.

Que dirai-je de celui-ci ? était-il digne de sa conquête ? Prêt à quitter la couche où tant de charmes furent en sa possession, dans ses traits fortement arrêtés il offre une expression moqueuse ; il semble affecter le mépris de son propre bien. Ce n'est pas un sourire fin, ou même perfide, que dessinent ses lèvres très-écartées ; ce n'est pas un regard tendre, ou plein de fierté, qui sort de ses yeux âpres : le lecteur peut maintenant caractériser tous les deux. Il n'est plus un adolescent ; il n'est pas encore un homme : mais il a de celui-ci le teint et les formes prononcées. L'ampleur de ses ailes annonce qu'il tient de la matière ; l'une sert de support à la tête de Psyché ; et l'on se demande comment il la dégagera sans réveiller sa compagne. D'une main il soulève pourtant, avec précaution, le bras que cette dernière lui donne à porter, et ce mouvement, en soi-même spirituel, serait plein de grâce s'il était exécuté par un autre Amour. Nous ne dirons pas que cette figure est bien posée, que le trait en est pur et correct : M. David pourrait-il dessiner autrement ? Nous ne remarquerons pas qu'il y ait une grande science dans le torse : le corps de l'Amour, servant à des études anatomiques, serait une singulière idée ; autant vaudrait parler de la morbidesse de l'Hercule farnésien.

De cet examen, il résulte qu'ici, non le pinceau, mais l'imagination de M. David s'est égarée. L'historien de la nature, le peintre de Montbar, a eu le malheur d'écrire que, dans l'Amour, il n'y avait que le physique de bon : le tableau que nous avons sous les yeux prouverait le contraire. Il est en effet affligeant, cet empire d'une nature ignoble sur l'idéa-

lisme ; il contriste , il serre le cœur......
Nous avons été invité à comparer, entre
elles , l'œuvre de M. David et celle de
M. Picot : nous nous en abstiendrons ,
car les écarts du génie veulent du respect.
C'est Shakespear , c'est Corneille , admi-
rables jusque dans leurs torts ; mais nous
ne pourrons nous empêcher de remarquer que la Psyché de M. David et l'Amour
de M. Picot feraient un charmant ménage.
Il faut pourtant convenir que , dans l'état
présent des choses , le fils de Vénus n'est
pas encore trop mal partagé.

C'est avec raison , mon vieil ami , que
vous m'avez reproché mon silence sur le
tableau dans lequel M. Gros a cru devoir
reproduire à nos yeux le départ de la
duchesse d'Angoulême. Toutes les feuilles
publiques en ont déjà parlé , me dites-
vous. Je ne les ai pas lues, je n'ai pas
même voulu les lire , souhaitant préserver
mon examen propre de toute impression
étrangère. Si je me rencontre avec quelqu'un , j'en serai d'autant mieux confirmé
dans mon sentiment ; si je suis seul de

mon avis et que j'aie tort, vous me réfor-
merez, ou quelqu'un s'en acquittera à
votre défaut ; gardez-vous d'en douter.

Nous nous sommes déjà prononcés sur
le choix du sujet : nous n'avons ni à
retrancher ni à ajouter à cet égard.

On pourrait accuser l'artiste de n'avoir
su se créer qu'un seul plan ; et il nous
semble qu'avec un peu de réflexion, il
lui était facile d'échapper à ce reproche.
Pourquoi n'a-t-il pas mis un léger repos
entre la scène des rubans et celle du panache, auquel madame la duchesse d'Angoulême a eu si heureusement recours ?
Dans la première, qui se fût contentée
des demi-teintes analogues à un second
plan, on eût aperçu des femmes du peuple,
des matelots, des vieillards attristés et
des enfans se disputant, se partageant
même la parure échappée des mains de
la duchesse ; tandis que celle-ci, entourée
de ses dames d'honneur et de quelques
chefs supérieurs, en voyant accourir vers
elle des citoyens et des militaires de tous
grades, disposés de manière à lier les deux

groupes pour l'unité de l'action, eût livré aux plus avancés les plumes flottantes, seul gage qui lui restait à donner de son retour. Ainsi entendue, la composition n'eût point été confuse ; elle eût motivé divers caractères de tête. Dans le premier groupe eût dominé ce qui lui manque, la noblesse et l'élévation des figures ; dans l'autre, ou plutôt sur le second plan, les dégradations et les demi-teintes eussent permis d'offrir une douleur un peu plus populaire.

Examinons maintenant l'ouvrage de M. Gros.

Un canot, évidemment trop étroit pour faire place aux rameurs, a déjà reçu à son bord la duchesse d'Angoulême, vêtue d'une robe amazone couleur vert-d'eau. La pose de la princesse est noble ; son visage a de l'expression ; la dignité d'une grande douleur qui frappe sans abattre, s'allie, sur son front, au mérite de la ressemblance. Mesdames les duchesses de Sérent, de Damas, et la vicomtesse d'Agoult, sont derrière elle. On les dirait plutôt pensives

qu'attristées ; et l'on se demande pourquoi, lorsque la fille des Rois pleure,
leurs yeux ne trouvent point de larmes ?
Une foule trop confuse, trop nombreuse
même pour que le pinceau de l'artiste
puisse la grouper avec avantage, s'est
pressée sur les pas de la duchesse. Quelques physionomies sont empreintes d'une
tristesse profonde, d'autres sont plus expansives ; trois ou quatre adolescens, deux
jeunes filles peintes avec une grande vérité, et un serviteur qui s'en retourne,
la face couverte de son mouchoir, se font
remarquer dans ce nombre. Des vieillards
et des soldats approchent. Parmi ces derniers, il en est qui fléchissent le genou,
soit par respect, soit pour relever une
partie des rubans qui est encore à terre ;
car la princesse a livré toute la garniture
de son chapeau, à la réserve du panache
qu'elle présente d'une main ferme, et en
jetant un regard douloureux vers cette
terre de France, également chère à ses
enfans, également regrettable pour tous,
soit que leur front ceigne le diadême, soit

que leurs noms soient inscrits au registre des plus obscurs citoyens.

A la gauche du spectateur, MM. les vicomtes de Montmorency et d'Argoult, dont on voudrait relever l'expression, protestent de leur dévouement envers la nièce de Louis XVIII. L'artiste a très-ingénieusement supposé qu'ils se sont servis d'un canot de pêcheurs pour l'approcher de plus près. En effet, leur pied a trouvé un appui sur le bordage de ce frêle esquif qu'un marin robuste, au jusqu'à mi-corps, à l'aide d'un pieu, tient accolé au quai, tandis que son jeune fils, le dos également découvert, regarde avec attendrissement la princesse. Ce groupe, chaud de couleur, vrai d'effet, est d'une parfaite exécution. Il offrira de belles études aux amis de l'art. Peut-être les détails d'anatomie musculaire sont-ils un peu trop sentis chez le jeune homme. En vain l'on accuserait d'inconvenance ces deux personnages; leur nudité n'a rien d'indécent, rien d'improbable : ce sont deux pêcheurs que la solennité de la conjoncture enlève

à leur travail ; on a eu besoin d'eux un
instant, ou même ils se sont rencontrés
là par un simple hasard. Heureusement
liés à l'action, ils en accroissent l'intérêt
en la rendant moins uniforme ; toute critique qui les concernerait serait fausse ou
ignare. Sévères contre les ornemens dé-
placés, gardons-nous de méconnaître les
beautés trouvées par le génie ; car c'est
ainsi que l'on se dessèche le cœur ou que
l'on s'appauvrit l'imagination.

Vous avez maintenant une idée du tableau
de M. Gros. Sans entrer dans de nouveaux
détails, tels que celui d'une main de la duchesse qui participe trop à la teinte de sa
robe, d'un pied trop ample, eu égard à la
stature du jeune marin auquel il se rapporte,
et de la vulgarité de quelques figures, nous
le regardons comme l'ouvrage d'un grand
dessinateur et du premier coloriste de
France. Sur la toile où le pinceau de
M. Gros s'est fièrement promené, les
attitudes ont de la vérité, les chairs sont
de la chair. Oh ! si la composition !...

LETTRE IX.

MM. INGRES, BERRÉ, VAN-BRÉE, GRANET, WATELET, DUNOUY, FELDMANN, JOLY, BERTIN, BIDAULT, DUPERREUX, RONMY, HUE, VALENCIENNES, Mlle SARRAZIN-DE-BELMONT.

Un mois est à peine écoulé depuis l'ouverture du Salon, et la foule qui s'y précipite, quoique de jour en jour, d'heure en heure renouvelée, est également nombreuse. Que sera-ce lorsque les produits industriels auront cessé de faire une diversion à la curiosité? Dimanche, la chaleur était si étouffante que je me hâtai de traverser la salle carrée pour arriver plutôt à la grande galerie, où j'espérais trouver un peu de vide; mais, porté par les nouveaux venus qui débouchaient du Salon d'Apollon, je fus rejeté tantôt à gauche, tantôt à droite, sans savoir où on me laisserait. Arrêté malgré moi, plus de deux minutes, devant l'*Odalisque* de M. Ingres, je regrettai de voir ce jeune artiste se donner beaucoup de peine pour gâter un beau talent. En effet, cette femme, vue par le dos, est faible de dessin, puisque les bras sont d'une maigreur choquante ; de coloris, puisqu'elle ne présente qu'une teinte uniforme où aucune des parties du torse n'est accusée ; d'expression, puisque ses traits, d'ailleurs assez bien proportionnés, ne révèlent aucune pensée, ne donnent l'indice d'aucun sentiment ; et pourtant on ne sait comment il y a là quelque chose du Titien !

L'*Andromède* est une suite de torts et une nouvelle preuve de moyens chez le même auteur. Est-ce qu'il voudrait nous ramener à l'enfance de l'art ? Où est le bouclier de Persée ? Depuis quand un cavalier pousse-t-il la lance des deux mains ? Le corps d'une belle femme n'aurait-il donc qu'une seule teinte ? Une des plus grandes faveurs que l'on pourrait faire à ce morceau, comme au précédent, serait

de les croire sortis de l'école du Pérugin.
Il serait déplorable que M. Ingres eût
foulé en vain la terre qui faisait jadis les
héros, et qui fera encore les artistes,
jusqu'à ce que notre belle France, déjà
saisie du premier privilége, ne se mette
en possession de l'autre. Il a pris une fausse
route; nous le lui dirons, dût notre censure être encore taxée de sévérité.

Le flot des spectateurs nous poussait
cependant vers l'extrémité du grand Salon;
mais, parvenus à l'Attaque des Guérillas du
peintre-général dont nous n'avons pu encore
parler (tant le siége continue à y être vif par
l'affluence persistante des curieux), le re-
mous de la foule nous rejeta auprès des charmans tableaux de M. Berré, et j'en eus si
peu de regret que, me cramponnant à la
balustrade de fer, je laissai la vague dégor-
ger sans moi dans la grande galerie.

Nous nous bornerons à parler du n° 74,
quoique l'*Abreuvoir* et les *Animaux sortant de la ferme*, sous le n° 72, brillent
à peu près de la même vérité d'exécution.

Certainement cette petite paysanne qui, la tête entourée d'un madras, garde ses vaches, gardée qu'elle est elle-même par son chien noir, est d'un effet très-agréable ; le dessin en est léger et spirituel. Elle se détache, sans sécheresse, de l'horizon sur lequel elle domine, et cependant il n'y a rien de fondu dans la touche, rien de vaporeux dans le site. C'est le secret de l'art ou plutôt celui de la nature, qui ne le révèle qu'à ses amans les plus assidus. Le taureau et les deux vaches n'ont pas été plus maltraitées, dans leur genre, par le pinceau de M. Berré, chez lequel Paul Poter a trouvé un rival ; et, comme il fallait que tout fût à l'avenant, la prairie a vraiment de l'herbe. Quelques touches un peu plus vives, sur le devant de cette charmante composition, l'eussent achevée. Son pendant, sous le n° 75, annonce bien la même main, mais est éloignée du même mérite. Le talent aurait-il ses jours comme le courage ?

L'atmosphère était devenue si brûlante, qu'après avoir donné un coup-d'œil à la

Marie-Stuart de M. Van-Brée, sujet où le jour est faux, dès-lors que, venant par derrière, il frappe par devant, et où la figure principale, sans relief, répète trait pour trait celle des deux femmes qui sont entrées dans sa prison, je profitai d'une lacune que m'offrait la foule pour m'avancer vers la grande galerie du Musée. Un troisième obstacle, auquel je n'étais point préparé, m'arrêta tout-à-coup : c'était un nouveau tableau de M. Granet. Avant de nous introduire dans le chœur d'une communauté, l'artiste a cru naturel de nous présenter le *Vestibule* de la maison, et c'est cette omission qu'il a réparée ici fort heureusement ; car les capucins lui portent bonheur. Un groupe composé de quatre de ces religieux, éclairé de face, retrace à nos yeux l'instant où on lave et panse la jambe de l'un de ces pères nouvellement arrivé de voyage, tandis qu'assis sur un banc de pierre, et participant à la demi-teinte de cette partie du tableau, un cinquième se repose à la gauche du spectateur. On retrouve ici, quoique dans

un degré moins frappant, cette fermeté
de touche et ces effets de lumière que
l'auteur nous a déjà fait admirer. Voilà
bien des capucins, direz-vous : mais
nous ne nous en plaindrons pas trop,
tant que nous les devrons au pinceau de
M. Granet, encore faudrait-il qu'il y mît
un peu de mesure ; car, suivant l'expression de Pascal enfant, c'est *quelque chose*
d'assez extraordinaire qu'un capucin, et
nous ne savons pas trop à quoi cela serait
bon aujourd'hui.

Je voulais respirer, je voulais faire une
halte à côté de quelque bon paysage. Je
pensai que, par une connexion dont une
saine physiologie nous expliquerait le mystère, la vue des bois, de l'eau et de la
verdure rafraîchirait mon sang et repose-
rait au moins ma pensée. J'eus le bonheur
de trouver à m'asseoir près d'un *Watelet*,
à l'approche duquel il m'arriva de réciter,
assez haut pour être entendu de mes voisins, ces vers où le poëte mantouan sou-
pire après les fraîches vallées de l'Hémus
et l'ombre touffue de leurs arbres. Croi-

riez-vous, mon vieil ami, que ce passage touchant, auquel je vous renvoie, me servit à fonder en moi-même une théorie du paysage. Elle me semble assez conséquente dans ses déductions, et je vais, en peu de mots, la soumettre à votre examen : ce sera pour nous une occasion de passer en revue quelques-unes de nos compositions modernes les plus pittoresques.

Les artistes ne sont pas moins obligés que les écrivains à reconnaître l'empire du plaisir et de la douleur, de la crainte et de l'espérance, ces deux grands leviers de la vie humaine. Pour fixer l'attention, il faut plaire ou effrayer. C'est une vérité que le paysagiste doit avoir incessamment sous les yeux, et qui a été présente aux auteurs les plus renommés, tels que Claude Gelée, les deux Poussin et les deux Both d'Italie, Salvator-Rosa et Dominique Zampieri, créateurs de deux genres opposés dans lesquels notre principe trouve son application ; car on ne saurait admettre que l'École hollandaise, que Paul Poter,

Vouvermans ou Rhuisdael lui-même (1), aient vraiment traité le paysage. Dans cette. partie, ils ont composé tout au plus des tableaux de genre, comme Greuze, et, après lui, M. Bouton et mademoiselle Lescot en font d'histoire. Deux vaches et un pâtre ne me donnent pas plus d'idée d'une campagne, que deux ou trois personnages grands comme la main, et qui n'ont pas même à côté d'eux leurs accessoires obligés, ne retracent à mes yeux l'importance d'un acte historique.

Que vais-je chercher, lorsque je porte mes pas loin de la ville ? Ce que je cherche également lorsque mes yeux s'arrêtent sur la toile d'un paysage, suivant mes affections du moment ; c'est-à-dire, dans le calme des passions, un site où la vie puisse s'écouler en paix au sein d'une nature agreste et pourtant cultivée. Dans les dé-

------

(1) Bien entendu qu'il ne s'agit pas ici des tableaux capitaux de ce grand paysagiste, mais des petites scènes de village, des foires et des fabriques détachées qu'il s'est plu souvent à esquisser, et toujours avec une vérité frappante.

chiremens d'un cœur sensible, j'aimerai, au contraire, à parcourir les vallées sombres ; plus elles seront sauvages, plus je m'y enfoncerai avec un farouche plaisir. Je veux des périls, je veux errer entre des roches menaçantes, loin de ce qui retracerait à ma vue les pas ou la main de l'homme. Assez à plaindre pour haïr ce dernier, je me complairai à écraser, dans mon esprit, ses faibles travaux sous le poids des grandes masses séculaires ; j'opposerai à ses prétentions d'un jour, l'éternelle majesté de la nature ; je le trouverai petit, mesquin ; je ne verrai même en lui qu'un atôme, et je serai vengé.

Nous ne connaissons guère que ces deux sortes de paysage. Pour avoir quelque mérite, un tableau doit s'y rapporter plus ou moins. Comme l'analyse de pareilles compositions serait monotone, et qu'elle se répéterait forcément, nous dirons que MM. Watelet, Dunouy, Feldmann, Joly, Bertin, Bidault, Duperreux, Ronmi, Huc, Valenciennes et mademoiselle Belmont, se sont essayés, avec plus ou moins de succès, sur des sites en harmonie avec ceux de Claude-le-Lorrain.

Nous reprocherons à M. Huc père d'avoir été assez téméraire pour essayer de reproduire ce que l'artiste ne doit jamais chercher à rendre, puisque ce ne serait pas impunément que les regards s'y arrête- raient, et que le produit serait toujours inférieur à la cause ; nous voulons dire, le soleil. Transportez ses effets sur la toile ; frappez de sa lumière, comme vous l'en- tendrez, vos sites et vos figures ; épan- chez celle-ci ou resserrez-la, à votre gré ; ménagez-vous ainsi des oppositions ; mais, sous peine de haute imprudence, cachez le disque éclatant, à moins que, près de descendre derrière l'horizon enflammé, il ne laisse échapper, du sein des nuages, quelques rayons amortis. Voilà tout ce que l'art lui-même vous permet ; car, où l'œil est sans force pour regarder, la pa- lette doit être sans couleur pour peindre.

Le *Château de Fontainebleau* est bien renversé dans l'étang qui le précède ; mais la réflexion n'en est-elle pas plus exacte que ne la donne la nature? Les arbres qui le bordent n'ont-ils pas tous le même port et la même teinte? Enfin, Sully, en s'inclinant vers son Roi, ne semble-t-il pas se livrer à une charge de comédie? Telles sont les questions, qu'avec un peu de rigueur, on pourrait s'adresser en examinant l'ouvrage de M. Duperreux. Toutefois, il ne faut pas perdre de vue qu'ici le site est obligé, et que la multiplicité des lignes droites, très-ingrates dans le paysage, n'a pas permis à l'artiste de varier ses plans ou de dégrader sa perspective. A la figure près dont nous venons de parler, cet ouvrage est, en vérité, tout ce qu'il pouvait être.

Le dernier tableau de M. Valenciennes est un *Coucher du soleil*, emblème mélancolique d'un talent qui, tel qu'un beau jour, après nous avoir donné des jouissances, vient de nous laisser des regrets. On trouvera, dans ce paysage, plus de glacis que de couleurs vives et franches; la touche en est faible, mais spirituelle;

l'œil s'y repose avec plaisir et ne s'en détache qu'avec peine ; c'est ainsi que l'on se sépare d'un ami qui a su trouver le chemin de notre cœur.

Sous le pinceau de mademoiselle Belmont, un *Site de la Grèce* nous offre un temple antique au milieu d'un bois sacré. Le style de cette fabrique est vrai, et le reflet des derniers rayons du jour s'y fait bien sentir ; l'échappée de vue est assez heureuse ; le ciel se montre en harmonie avec le terrain, et la nappe d'eau, à la gauche, ne manque ni de transparence ni de fluidité ; mais la cascade qui la produit n'a pas de mouvement dans sa chute, quoiqu'elle ne soit pas sans hauteur. Les figures, déjà en trop petit nombre (car il en faut pour animer une solitude), sont moins que médiocres. L'Homère est mal dessiné, et certes ce n'était pas la peine de le mettre à nu.

Si M. Feldmann avait moins travaillé son feuillis, peut-être ce dernier y eût-il gagné. On y souhaiterait quelques masses et plus de variété dans les teintes. En lais-

sant aller son pinceau avec plus de liberté, l'artiste pourra marcher dignement sur les pas de Claude-le-Lorrain, à l'école duquel il semble déjà appartenir.

Je serais tenté de croire que les arbres de M. Bertin se détachent trop crûment les uns des autres. Certes il a donné à son *Chérébert* et à la fille du chevrier, rencontrée par ce prince, une longueur qui tient de l'excès. On regrette aussi qu'il n'ait pas au moins éparpillé quelques animaux sur sa toile déserte. Nulle trace d'habitation, et ce site n'est pourtant pas sauvage! C'est un tort ; car, traitée dans ces grandes dimensions, une campagne a quelque chose de froid que les apparences du mouvement et de la vie peuvent seuls corriger.

Sous presque tous les rapports, M. Dunouy est exempt de reproches. Ses sites sont bien ordonnés ; ses plans se dégradent avec sagesse ; sa perspective fuit, et ses montagnes se marient heureusement à l'horizon, témoins son *Pierre l'hermite*, sa *Vallée de Sybaris*, les *Vues d'Aunay*,

que son pinceau s'est plu à reproduire,
et la *Côte de Pausylippe*, où l'œil, après
avoir plané sur une immense nappe d'eau,
va se perdre dans les nuages, avec l'île
d'*Ischia* elle-même entourée de vapeurs.
Serions-nous fondés à remarquer que,
le dernier plan des terres étant un peu
prononcé, et le plus prochain de l'eau fort
éclairé, cette dernière paraît prête à
déborder ses rivages, la composition dont
il s'agit n'en aurait pas moins le mérite
de prêter une grande latitude à la vue.

Mais je ne vous dissimulerai pas la préférence qui m'entraîne vers M. Watelet. Si cet
artiste a hérité d'un beau nom, il faut en
convenir, cet héritage est loin de péricliter
entre ses mains. C'est à l'ombre de ses arbres
que je me suis souvenu de ceux de Virgile;
c'est avec lui que j'aime à m'égarer, que
j'aime à me reposer. Il m'attire, il m'attache
à ses paysages. Je me dis : C'est là qu'avec
un bon livre et quelques honnêtes voisins,
l'on serait heureux. Je m'enfonce dans ses
bosquets; j'entends le bruit du torrent qui
descend de la sombre épaisseur de sa Fo-

rêt (1198); et, pour le repos de ma vieil-
lesse, je lui demanderais volontiers le
droit de transporter mes humbles pénates
dans ce charmant coin de l'Italie, dont il
a touché les figures avec tant d'esprit, et
dont le site me semble une très-heureuse
réminiscence d'un tableau de Guaspre,
connu sous le nom des *Environs du lac
de Trasimène* (1204).

Cette composition de M. Watelet et
celle du n° 1200 sont, à mon avis, les
plus remarquables en ce genre de tout le
Salon de 1819. Bien examinées, leurs
dimensions sont même les plus favorables
dont on puisse faire choix pour de tels
sujets; car les grands tableaux ont un
double inconvénient : finis avec trop de
soin, ils sont sans effet dans leurs parties
les plus éloignées; traités trop largement,
ils tiennent d'une décoration d'opéra.
D'ailleurs il est fort difficile d'animer une
grande toile. Les paysages d'un champ
resserré sont le luxe d'un particulier qui
a de l'aisance. Le philosophe auquel la
fortune a souri, au sein des cités, les

recherche encore comme pour rendre hommage à la nature. Aussi, Claude-le-Lorrain et les Both d'Italie ont-ils, le plus souvent, travaillé dans ces proportions. Ce n'est pas de la verdure, ce ne sont pas des arbres ou des hameaux qui doivent contribuer à l'embellissement intérieur des palais ; l'alliance d'un grand luxe n'y formerait qu'une disparate avec les scènes de la vie pastorale : la peinture historique rentre bien mieux dans le domaine des chefs de nations. Successeurs des héros du drame, c'est à eux d'en avoir la représentation sous les yeux, pour y puiser de salutaires documens. Quant à nous, simples citoyens, qu'il nous soit donné de reposer notre vue sur de modestes paysages, doux charme de nos loisirs, et, presque toujours, dernier but de nos travaux !

LETTRE X.

MM. VIGNAUD, PAJOU, GASSIES, FRANQUE,
LE GÉNÉRAL LEJEUNE.

QUELQUES personnes traitent avec une sorte de légèreté le Salon de 1819; elles lui reprochent de n'offrir qu'un petit nombre de morceaux capitaux, et encore, parmi ces derniers, elles trouvent plutôt matière à leur censure qu'à leurs éloges. C'est une exagération, c'est un tort. Certainement la précédente exposition était supérieure à celle-ci, sous le rapport historique; nous avons été les premiers à remarquer que la pureté du dessin commence à s'altérer dans l'École; mais ce n'est pas un motif pour frapper, dans son ensemble, l'exposition actuelle. Un peu plus de sévérité de la part du jury chargé d'admettre les tableaux, eût épargné à nos artistes celle du public. Trois cents cadres de moins, sur douze cents, eussent permis de mieux apprécier les autres, qui ont perdu, dans un premier coup-d'œil, à cette agglomération, et qui reprennent pourtant leur valeur dans un examen de détail. Nous avons cité déjà quelques-uns de ceux-ci avec éloge, nous en citerons encore.

Telle qu'elle se montre dans la présente année, l'École française conserve une supériorité immense sur celle de l'âge précédent. Que nous reste-t-il entre les ouvrages des auteurs qui ont fleuri du temps de Louis XV et de Louis XVI? Un petit nombre de productions qui, payant le tribut au goût d'une époque consacrée par une sorte de culte traditionnel, rappellent plus ou moins les *quatre Jouvenet,* dont les figures ne laissent pas d'être anguleuses et heurtées ; la *Cananéenne* de Drouet, qui vit se changer en cyprès un laurier précoce ; la *Femme prête à se coucher* de Vanloo, vendue sous nos yeux, au rabais, à l'hôtel de Bullion, il y aura bientôt cinq ans ;

deux ou trois *Greuze* qui se répètent, et parmi lesquels l'*Accordée de village* tient la première place ; l'*Ermite endormi* de Vien, qui date d'une époque où commence à poindre un meilleur jour; tous les *Vernet*, quelques *Valenciennes* et quelques *Robert*. Voilà à quoi se réduisent soixante années d'études et de travaux. Certes, bien examinée, l'année 1819 nous livre presque autant et nous promet beaucoup plus. Pourquoi ? parce qu'on a quitté de fausses traditions, parce qu'on a étudié l'antique, dont l'apparition a été en France presque un coup de lumière. Il ne reste plus qu'à étudier un peu plus la nature à laquelle il nous ramène. A présent on dessine, on colorie, on donne même une sage expression aux têtes : il ne faut plus qu'apprendre à composer.

M. Vignaud possède certainement cette science. Je ne connais pas de tableau où la scène se présente mieux, soit moins confuse, se développe avec plus de naturel, assemble mieux l'intérêt sur un sujet auquel tout se rapporte, et s'explique plus heureusement d'elle-même, que dans la *Résurrection de la fille de Jaïre*. Ce n'est qu'une traduction de l'évangéliste saint Marc ; mais, comme on va le voir, cette traduction est excellente.

A la gauche du lit sur lequel est couchée la jeune fille, par laquelle se manifeste déjà la vertu de l'envoyé de Dieu, Jaïre se montre de profil et sert à la fois de premier plan et de repoussoir au tableau. Peut-être serait-on fondé à trouver quelque sécheresse dans la ligne que décrit cette figure. De l'autre côté du même lit, près du chevet, se tient une femme âgée, l'un des deux personnages ajoutés au récit de l'écrivain sacré, mais dont la présence ne nuit aucunement à la vérité historique du sujet, puisque, l'artiste étant en droit de supposer que le corps n'avait pas été délaissé, il est naturel de reconnaître, dans cette femme, une gardienne ou une nourrice, ou même une aïeule, ce que l'expression d'une joie bien sentie rend présumable. Près de celle-ci, se montre une Juive inclinée sur la couche, les bras

tendus en avant, les lèvres entr'ouvertes,
les yeux brillans de surprise et d'amour.
Ai-je besoin de vous dire que c'est la
mère de l'enfant dont le visage commence
à s'animer? En effet, la jeune fille redresse
la tête ; elle semble chercher à recueillir
ses idées ; sa vue, un peu étonnée, se
fixe sur les objets chéris qui la frappent.
En elle se vérifie la parole du maître :
Elle a dormi. Qui ne voit qu'elle va parler, qu'elle va se lever à la voix de celui
qui lui tend la main ? Ce sont ces mots
près d'être articulés, c'est ce premier mouvement qu'épie l'heureuse épouse de
Jaïre. Serait-il déplacé de souhaiter que
les teintes de cette enfant, que ses pieds
même se ressentissent un peu plus de l'action du fluide qui doit déjà circuler dans
ses membres ? Il faut beaucoup d'art pour
saisir ce passage du cadavre à l'animation,
de la mort à la vie. Le caractère donné
par l'artiste à la figure est excellent. Je
voudrais qu'un léger coloris de la bouche,
en harmonie avec le regard, annonçât que
le sang a repris son cours, qu'il s'est

déjà distribué dans les membres. En effet, comment admettre que les bras et les mains ont été mis en mouvement (ainsi que la chose a lieu) sans que rien n'annonce le retour d'une force agissante dans ces organes ? Sur le devant du tableau, l'auteur du prodige, Jésus, se montre tourné vers le lit. Son visage, emblème du calme de son ame, est beaucoup plus en rapport avec les traditions, que les peintres modernes n'ont accoutumé de nous l'offrir ; ce sont bien là les trente ans avec lesquels il entra dans sa carrière. Il regarde avec intérêt ; mais il ne s'étonne pas, lui ; il attend avec sécurité comme une personne qui croit en elle-même. Un peu en arrière, le disciple bien-aimé offre, dans ses traits, un doux mélange de candeur et de sensibilité. On dirait qu'il n'est pas moins ému de la joie à laquelle le bienfait de son puissant ami va donner lieu, que du triomphe obtenu par celui-ci sur la nature. J'oserais affirmer que cette double jouissance était présente à la pensée de l'artiste. Plus près du spectateur, Pierre et Jacques, à côté de Jésus, y touchant presque, prennent une part convenable, mais moins expansive, à l'action. Un quatrième apôtre les accompagne, contre le texte formel de l'Évangile, tandis qu'à la porte quelques spectateurs, jetés dans la demi-teinte, attendent l'issue de l'événement, paraissent même en avoir déjà connaissance.

Le groupe principal, c'est-à-dire celui de Jésus et de ses disciples, est largement traité, dessiné et posé avec intelligence. Le costume est respecté ; les jours et les ombres ont de sages dégradations ; le rideau, qui retombe à hauteur d'homme sur le chevet du lit, est bien drapé, et les accessoires sont d'un bon style. Mais, il faut en faire l'aveu, le coloris en est faible, et ne paraît pas avoir quitté fraîchement la palette ; d'où il résulte que le tableau semblerait âgé de cinquante ans. On serait presque tenté de ne s'en plaindre pas ; il acquiert ainsi plus de conformité avec les ouvrages des grands maîtres, à l'école desquels M. Vignaud a étudié. En

effet , la fille de Jaïre entre ses mains ,
suivant nous , est devenue l'un des meilleurs sujets d'église de l'exposition.

La Consécration de sainte Geneviève,
de M. Pajou, sans briller du même mérite, a droit de fixer les regards. La jeune
pastourelle de Nanterre s'agenouille sur les
degrés de l'autel , avec une douce candeur. L'évêque d'Auxerre, qui lui impose
les mains , est d'une bonne touche. Il y
aurait seulement quelque chose à dire sur
le mauvais effet de sa mitre , dont les
deux pointes sont trop écartées , ainsi que
sur la longueur du jeune acolyte qui tient
un des cierges. Peut-être même pourrait-on
accuser les figures du second plan d'être
un peu grises, ce qui les éloigne trop de
l'action principale. Du reste , ce tableau
ne manque pas d'harmonie , et la vue est
loin de s'y déplaire.

Quant à la *Communion de saint Louis*
de M. Gassies, tout en y remarquant
quelques bons effets de jour , nous ne
saurions nous empêcher de trouver de la
roideur dans l'attitude et les ornemens

pontificaux du prêtre, qui pousse plus qu'il ne présente l'hostie au saint Roi. La tête de celui-ci est un peu dure de ton ; le groupe placé derrière l'ecclésiastique est trop éteint de couleur, si l'on en excepte deux enfans-de-chœur dessinés avec une naïveté charmante, et très-heureusement éclairés par un flambeau. Le même a exposé trois petits tableaux de genre, quoique le sujet en soit historique : c'est *Homère abandonné* sur un rivage par des pêcheurs; c'est *Homère chantant* ses poésies devant des bergers ; c'est enfin un *Troubadour et une Pélerine* qui regardent avec intérêt une pierre sépulcrale. On souhaiterait dans ces compositions, d'un cadre très-resserré, une touche plus fine et plus moelleuse. L'Homère de la première est trop également colorié.

Certainement le *Saint Paul allant à Damas*, de M. Franque, ne manque pas de mouvement ; mais on est fâché d'y trouver le style de l'ancienne École, le style académique. Les études y sont trop senties, principalement dans le saint Paul terrassé, qui semble tombé tout exprès pour faire montre de ses muscles, de ses tendons et de ses veines, à la réserve des cuisses, plutôt sculptées dans le bois que peintes sur de la toile. On serait fondé à adresser le même reproche d'exagération au soldat qui, se couvrant la tête de son bouclier, exhibe un dos dont l'anatomie est aussi apparente que si la vapeur et la poussière ne devaient pas, en partie, la dissimuler aux regards. Notre remarque est d'autant mieux fondée, qu'elle tombe ici sur un sujet du second plan. Toutefois, ce tableau annonce un vrai talent de composition et une certaine hardiesse de touche qui ne demande qu'à être mieux réglée. L'expression de tête du persécuteur des chrétiens a de l'énergie ; on y démêle l'obstination qui se rend. Le cheval qui se cabre, après avoir secoué sa charge, est d'une bonne étude ; sa tête est bien effrayée, et le jeune homme par lequel il est arrêté a toutes les formes de son âge ; la terreur de celui-ci est naturelle. On se demande seulement pourquoi, tournant le dos à l'éclat de la foudre, sa figure en reçoit le reflet au même degré que les autres personnages? En général, les fortes teintes d'un ciel embrasé frappent trop également le lieu de la scène; mais, je me plais à le répéter, il y a de la vigueur dans ce morceau, qui eût fait grand bruit il y a quarante ans, et qui, si l'artiste se surveille, nous promet de mâles conceptions. On dit que c'est l'ouvrage de deux frères : nous aimons à croire que cette alliance portera bonheur à ceux qui, resserrant d'une manière si touchante les liens de la nature, mettent en commun leurs talens, et se donnent ainsi la main pour parcourir ensemble les sentiers de la vie. Chacun d'eux au moins pourra se dire qu'un appui ne lui manquera pas.

Tenez-le pour certain, mon vieil ami : de plusieurs jours je ne vous parlerai de tableaux d'église; encore faudra-t-il que je m'en défende de mon mieux, car on en est entouré au Salon. Ils vous suivent, ils vous obsèdent; de quelque côté que vous tourniez vos pas, ils frappent vos regards ; il y en aurait pour peupler tous les séminaires et toutes les chapelles de la chrétienté. Les annales de notre histoire ne renferment-elles plus rien qui n'ait exercé les pinceaux de nos artistes, rien qui puisse échauffer les ames du saint amour de la patrie ? car celui-ci est aussi une religion. Est-ce que les Suger, les d'Amboise et les l'Hôpital, les Molé, les Catinat et les Turenne n'ont laissé aucuns actes de leur noble carrière qui méritent de revivre sur la toile ? Est-ce que les pages de notre histoire récente ne parle-raient plus au génie de nos artistes ? Qu'une idée de fausse convenance ne les arrête pas. L'auguste monarque sous la protec-tion duquel les arts fleurissent aujourd'hui parmi nous, du sein de l'obscure retraite où le Ciel le tenait en réserve pour recons-tituer notre pacte social, n'a pas vu d'un œil indifférent sa nation engagée dans la lutte qu'elle a eu à soutenir contre toute l'Europe. Nos revers lui coûtaient des larmes ; nos succès faisaient palpiter de joie son cœur toujours français : *il l'a dit*, et le palais des Bourbons ne sera pas inhospitalier pour les images où resplendira quelque reflet de l'honneur national. En adoptant notre gloire nouvelle, il s'y est associé en quelque sorte ; il s'est montré digne de la fortune qui lui a rendu une couronne, et il est devenu le lien sacré qui unit deux âges, deux générations, et, à bien dire, deux peuples faits pour s'estimer l'un l'autre, malgré une lacune de trente années, moins grande encore que celle des mœurs et des habitudes. Suivez son exemple : les guerriers de Fleurus et de Marengo, de Gemmape et de la Moscowa se groupent à ses côtés. Le trône antique brille d'un éclat moderne. Mêlez donc aux trophées des Condé et des Vendôme, des Villars et des Luxembourg, ceux des Dugomier, des Kléber, des Marceau, des Joubert, des Dessaix, des Brune, des Masséna et des Saint-Hilaire. Oh ! s'il m'était donné de reporter au front du vainqueur de Hohœllinden la branche de chêne qu'un souffle fatal en a détachée, son nom se présenterait un des premiers à ma plume! Puisse ainsi l'étranger parcourir nos Salons! Qu'il y admire les hauts faits d'armes de nos anciens preux, je ne m'y oppose pas ; mais qu'il y apprenne aussi que la France est loin d'être dégénérée !

Je finirai cette lettre par quelques lignes sur le tableau du général Lejeune. Cette composition n'est guère susceptible d'analyse. Le lieu de la scène est bien choisi ; la topographie, assure-t-on, y est observée, et, malgré cela, le site est tellement pittoresque que je ferais volontiers l'honneur à l'artiste de le croire un peu de son invention. Ces défilés, ces gorges de montagnes, dont les pointes se perdent dans les nuages, ce ciel orageux, ce château ruiné qu'éclaire à mi-côte une échappée de rayons du soleil, sont bien saisis ou bien imaginés ; les masses de ces arbres sont touffues ; elles se balancent avec mollesse ; leur feuillage a du mouvement ; l'affaire qui se passe sous leur ombre en a encore davantage. Un convoi français attaqué par des guérillas ! d'un côté la valeur et la loyauté, de l'autre la cruauté et la lâcheté perfide ; ici des femmes et des enfans avec les grâces de leur sexe et de leur âge, là des bandits et des assassins avec tout l'attirail hideux qui suit la rapine.

Le combat s'engage dans une profondeur considérable de terrain ; l'œil le suit dans ses extrémités les plus reculées, et peut-être avec trop de facilité, car l'action est aussi vive à la gauche qu'à la droite du tableau ; les épisodes dont elle se compose en sont aussi détaillés, aussi soignés. Je ne sais si l'artiste a prétendu attirer l'intérêt principal sur les prisonniers anglais, qui refusent généreusement les armes dont les guérillas veulent armer leurs bras contre l'escorte, ou s'il a eu l'intention de l'appeler sur les femmes que porte une calèche attelée de quatre chevaux bai-clair. En arrêtant mes yeux sur celles-ci, je ne saurais m'empêcher de remarquer que le peintre, guerrier et Français à la fois, s'est trop occupé du soin de les faire belles, de les maintenir

telles au milieu d'une action sanglante,
de leur conserver même leur élégance.
N'y aurait-il pas en en effet quelque chose
de déplacé dans le développement de cette
ombrelle d'azur dont s'entoure l'une des
têtes, avec plus de grâce qu'il ne con-
viendrait en pareil moment? Au second
coup de fusil, cette ombrelle, ainsi que
l'autre, ne devrait-elle pas être tombée
de la main d'un être faible et délicat,
réservé à trembler, à implorer même
pour ce qu'il a de plus cher? Comme
l'action paraît déjà très-chaude, notre
remarque subsiste dans toute sa force.

On ne saurait croire combien de travail une pareille composition a dû exiger.
Le fini avec lequel en sont dessinés les
principaux acteurs (et ils sont bien nombreux!) approche de celui que réclame
la miniature. L'auteur en est amplement
récompensé, et son succès est tellement
remarquable que l'on pourrait le dire
populaire. Nous n'examinerons pas si l'on
serait fondé à lui contester le titre de
peintre de batailles; mais celui d'excel-

lent paysagiste lui est assuré. Ajoutons qu'il en est peu qui aient autant le secret d'échauffer leur toile, ou de lui donner de la profondeur.

Savoir peindre et se battre, c'est Anacréon chantant ses amours, c'est Bacchus célébrant les vendanges. Mais de la manière dont M. Lejeune exécute ses tableaux, c'est aussi l'humanité qui vient verser une larme sur le malheur des nations. Si cette main, qui a tenu l'épée d'un brave, est douée de l'habileté de l'artiste, le cœur qui la dirige ne manque ni de sentimens tendres, ni d'élans généreux. Nous en attestons plusieurs épisodes pleins d'intérêt, que présente l'*Attaque d'un convoi français par les guérillas du général Mina.*

LETTRE XI.

Gustave Vasa, par M. HERSENT.

Le pinceau est le plus souvent employé à retracer sur la toile les grands mouvemens qui agitent le sein de l'homme. Il triomphe au milieu des tempêtes et des orages du cœur. Les mœurs douces, la vie calme et paisible, le bonheur d'un ménage bien assorti, la concorde des familles échauffent peu l'imagination du peintre ; sa tête reste froide au milieu de ces scènes de l'existence ordinaire, telle qu'elle a été départie aux mortels les mieux traités de la fortune. Elles ne lui inspireraient guère que des esquisses pâles et décolorées. On a dit avec une sorte de raison : Heureux le peuple qui a donné

peu de pages à l'histoire! On serait également fondé à ajouter à ces paroles : Heureuse la nation qui a fourni peu de sujets de tableaux à ses dessinateurs! Ces généralités ont leur côté plausible.

Et pourtant, mon cher ami, je vais vous parler d'une composition historique qui, sans mettre aux prises les passions de l'homme, sans même lui offrir, dans un sexe plein de grâces, l'être formé pour accroître l'intensité de ses peines ou de ses jouissances, attache le spectateur et l'émeut jusqu'à l'attendrissement.

C'est *le Gustave Vasa* de M. Hersent, déjà connu par diverses productions, au nombre desquelles le public a paru distinguer, dans la précédente exposition, *le Louis XVI* qui distribue des secours, pendant une journée d'hiver.

A la suite d'un règne qui équivaut en durée à un âge d'homme, accablé sous le poids d'une longue administration, pendant laquelle il n'a jamais perdu de vue le bonheur du peuple, Gustave assemble les États à Stockholm. Là, après avoir rappelé

les travaux de sa pénible carrière, après
avoir ramené naturellement les esprits sur
l'oppression dont il a délivré la patrie en
proie au farouche Christiern, il dit un
dernier adieu à ses sujets et leur donne
sa bénédiction royale et paternelle.

Voilà le moment dont l'artiste a fait
choix. Debout, dans tout l'appareil d'une
dignité qui lui fut conférée par les pères
de presque tous ceux qui l'écoutent (car
tel est, en chaque pays, le seul berceau probable de la légitimité) le monarque chargé d'ans, l'un de ses bras appuyé
sur l'épaule de son second fils, tandis que
l'autre est soutenu par l'aîné, étend la
main pour bénir.... Ses cheveux blancs,
sa barbe qui descend sur sa poitrine, son
air calme et serein, son regard qui participe de l'exaltation de l'acte religieux auquel il se livre, les infirmités dont il porte
l'empreinte, tout en lui inspire le respect ou dispose à une forte émotion. Le
pinceau n'a donné de vie à cette tête que ce
qu'il en fallait pour la rendre imposante
et prophétique de l'immortalité. On y

trouve tous les signes de la décadence physique, toutes les promesses de l'avenir. On voit bien que la terre est prête à redemander à une nature en ruines l'enfant de la poussière ; mais on reconnaît également qu'un souffle céleste habite encore ces débris.

Après cela, il est, à bien dire, inutile que je vous parle des teintes sagement dégradées que l'artiste a su trouver sur sa palette, de l'accord qu'il y a mis, de l'expression solennelle et mélancolique, tout à la fois, qui en est résultée. Ces choses se sentent et ne s'expliquent pas, car ce n'est pas le pinceau tout seul qui les a produites. Ce guerrier citoyen, ce vieillard usé qui rassemble un reste de forces, pour répandre le dernier bienfait de sa sollicitude paternelle sur le peuple dont il fut le libérateur, me rappelle les rois homériques ou les patriarches qui s'appuyaient sur le bâton pastoral, en signe de la douceur de leur empire.

Maintenant, mon cher ami, reportez, avec moi, vos yeux sur cet amphithéâtre, où debout, prosternés même, les uns accablés de douleur à la vue des infirmités de leur prince, les autres baissant leurs regards en témoignage de respect, les représentans des Suédois, dans les expressions propres aux différentes conditions de leur existence, attestent que les paroles de Gustave ont pénétré jusqu'au fond de leur cœur ! Élevez la vue jusqu'à cette tribune, où dans la demi-teinte, témoins de cet acte imposant, des femmes qui appartiennent sans doute à la cour, et quelques autres spectateurs s'associent à cette touchante solennité ; et vous me direz ensuite si, semblable à plus d'un artiste moderne, M. Hersent ne possède que quelques têtes, n'imagine que quelques caractères de figures sans cesse destinées à être reproduites ?

La toile de ce tableau n'a qu'un champ très-resserré (c'est un ouvrage de chevalet) ; mais il n'y règne aucune confusion. Tout se montre et rien n'est pourtant sacrifié, parce que de sages dégradations donnent à chaque personnage sa place distincte, parce que la science du clair-obscur n'a jamais reçu un meilleur emploi.

Ce qu'il y a de remarquable, d'étonnant peut-être dans cette composition, c'est que, de toutes les douleurs, de toutes les affections diversement modifiées qui s'y montrent, soit qu'elles soient expansives ou concentrées, soient qu'elles renferment quelque chose d'éminent dans les airs de tête, ou qu'elles appartiennent à des physionomies plus naïves, comme celle de l'enfant qui est touché avec tant de grâce, derrière le trône, il se forme un sentiment commun qui domine dans le tableau, et qui, après en avoir consacré l'unité, passe tout entier dans l'ame du spectateur. Voyez comme cette pensée (tant elle est profonde !) semble avoir enlevé chacun à ses intérêts personnels. Déjà l'on pleure, l'on regrette par anticipation ; c'est dire que l'on a été heureux... Tel est le spectacle que la France sera sans doute appelée à offrir un jour, lorsqu'elle aura à trembler pour le fondateur de sa liberté légale. Je n'ai besoin que de vous

13

livrer cette idée, mon cher ami, et elle vous fera participer à l'impression ressentie par tous les personnages qui figurent dans le *Gustave Vasa*.

M. Hersent s'est élevé très-haut en créant ce sujet. L'exécution, sous le rapport du mécanisme de l'art, en est digne d'éloges. Moins familiarisés avec cette partie de son travail, qu'avec celle que nous venons de décrire, nous avons recueilli des louanges qu'il nous est doux de lui transmettre; nous nous permettrons toutefois de remarquer que les jambes du vieux monarque ne sont pas assez débilitées; qu'un Suédois, en manteau vert, sur le premier plan, présente un dos trop large; qu'un autre vêtu de noir, debout, mais légèrement incliné, au milieu de l'enceinte, n'est pas d'un heureux effet, et qu'en enlevant ces deux figures (du moins nous le croyons) on permettrait à la vue de mieux saisir l'ensemble du tableau. Enfin, nous souhaiterions plus de vigueur et de coups de force dans les groupes auxquels elles appartiennent. La

touche fine et savante des autres en res-
sortirait davantage.

Les enfans de Gustave sont costumés richement, et leurs étoffes sont aussi moelleuses que bien modelées sur les corps.
Nous n'aurons garde d'oublier qu'il n'en
est pas un dont la physionomie ne révèle
les réflexions qui l'agitent. Ici la crainte
d'une séparation douloureuse, là le far-
deau d'une royauté apparaît dans un triste
rapprochement. Elle est digne de Le Sueur,
cette tête de l'héritier présomptif qui, les
yeux baissés et d'un air recueilli, semble
méditer à la fois sur sa prochaine douleur,
et sur les austères devoirs de l'autorité
suprême.

Les accessoires sont traités généralement
avec soin. Ce sont des choses, mon cher
ami, que je suis bien aise de vous dire, parce
que, dans un bon tableau, les négligences,
quelles qu'elles soient, sont des torts. On
se les permet par ton; on veut affecter
ainsi l'aisance du talent, et l'on ne montre qu'une présomption qui, dans la nou-
veauté de l'exposition, ne nuit pas tou-

jours au succès, mais dont on finit par porter la peine, dès que le temps a dévoré les légers glacis dont la toile est plus voilée qu'elle n'est couverte.

LETTRE XII.

MM. KOLBE, GIRODET, BOSIO, LAIR, BOISFREMONT,
LE SAGE, PINEAU-DU-PAVILLON, DE LAVAL.

~~~~~~~

UNE des causes les plus déterminantes des progrès rapides que durent faire, chez les anciens, la peinture et la sculpture, on pourrait même ajouter la poésie, se trouve dans la liaison intime du culte avec l'histoire nationale. De-là, une foule de sujets pleins d'intérêt dut se présenter à la pensée des artistes. Ces derniers n'eurent que l'embarras du choix. De-là aussi, dans les productions de leur génie, ce mélange d'une nature supérieure avec les formes dont l'espèce humaine offrait le modèle. Le peintre qui se préparait à transporter sur la toile les traits du premier fondateur de Rome, le sculpteur
~~~~~~~

chargé de les trouver dans le marbre,
étaient forcés de se souvenir que, si le
héros troyen était le fils d'Anchise, il des-
cendait aussi d'une déesse; Achille, à leurs
yeux, jouissait du même privilége. Le
ciel, sans cesse abaissé vers la terre, réa-
lisait, pour les imaginations vives, cette
alliance de la beauté morale et de la
beauté physique qui donna le jour à la
Vénus de Médicis, à l'Apollon pythien,
à la Niobé et à mille autres chefs-d'œuvre, aujourd'hui inconnus ou dispersés :
tant il est vrai que l'homme, pour res-
saisir ce type originel de perfection, dont
il sent en lui-même autant le besoin que
la possibilité, est obligé de transporter,
dans une vie moins grossière, je dirais
presque moins matérielle, les idées de
convenance avec lesquelles il a été jeté
en celle-ci.

Voilà ce qui établit la grande supériorité des anciens sur les modernes, dans
tout ce qui tient aux produits des arts.
La riche fortune d'Homère ne m'étonne
plus; je ne sais même si on parviendra

jamais à le déshériter. Pour y réussir, il faudrait faire disparaître à la fois tout ce qui nous reste de deux grands peuples qui se sont montrés, sur la terre, comme deux colosses, sans presque avoir d'origine, et qui semblent encore se tenir debout au milieu des ruines de la Grèce et de l'Italie, dernières annales de leur histoire ! Tant que les noms d'Athènes et de Rome seront prononcés, tant qu'il existera un torse ou une inscription qui les rappelle, Homère et Virgile conserveront une sorte de consécration populaire. On aura beau s'en plaindre : liées à la série des temps anciens aussi intimement que nous venons de le remarquer, leurs fictions mythologiques ne seront pas de simples fables ; elles inspireront les artistes modernes, comme elles ont inspiré les artistes de l'antiquité la plus reculée.

Faites-y attention ; tout ce qui, parmi nous, a été produit de plus excellent, provient de cette source. Les David, les Guérin, les Gérard y ont puisé l'idée de

leurs chefs-d'œuvre, et c'est encore une
des allégories dont nous lui sommes re-
devables, que, sous les traits de Galatée,
le pinceau de M. Girodet eût ranimée à
nos yeux, si une maladie cruelle n'y avait
mis obstacle. Pour continuer à parler la
langue classique, espérons que le dieu
d'Epidaure, en rendant la vie à cet artiste
distingué, lui permettra de la donner à
sa statue. En attendant que nous jouis-
sions de ce double miracle, examinons
quelques-uns des ouvrages que l'inépui-
sable mythologie, à la fois mère de men-
songes et de vérités, vient d'inspirer à
nos jeunes Apelles.

Je vais commencer par m'acquitter des
éloges dus au tableau dans lequel M. Kolbe
nous montre *Vénus ramenant Hélène à
Paris*. On voit que l'artiste connaît sa
palette et qu'il sait faire des chairs. Son
action est assez bien ordonnée, le dessin
de ses personnages est assez correct : mais
est-ce là le Pâris dont les anciens poëtes
nous ont transmis le portrait ? Est-ce là
cet efféminé pasteur qui, mollement assis

sous les ombrages d'Ida, attendait qu'on vînt exposer à ses regards des charmes dont l'Olympe était épris, mais n'osait se déclarer le juge ? Non, le Pâris de M. Kolbe est trop vigoureusement articulé. Il est peint avec science; le nud y est senti; mais il manque de morbidesse. Son teint mâle, ses traits prononcés et ses cheveux bruns attestent sa force. Je vois en lui un mari qui attend avec calme, peut-être même avec une sorte de dignité, qu'on lui ramène une épouse, tandis que, les yeux baissés, celle-ci s'avance en tremblant et laisse à peine tomber sa main dans celle du fils de Priam. Est-ce là l'idée que l'on doit se faire de cette Hélène dont la beauté eut tant de renom, mais dont la modestie a quelques droits de nous être suspecte ? Je serais tenté de dire à M. Kolbe :

« Vous savez peindre : pourquoi ne pas raisonner un peu plus l'expression de vos figures ? Pourquoi cette séduisante Laconienne ne retournerait-elle pas à son ravisseur, comme l'enfant qui, après avoir boudé les compagnons de ses jeux, brûle d'être rappelé au milieu d'eux, et n'en recevant pas l'invitation, se rapproche à la fin de lui-même ? Cependant, le sourire sur les lèvres, la larme à l'œil, il regarde à la dérobée ses jeunes amis, comme pour leur dire : « J'espère que » vous ne me recevrez pas trop mal. » Pourquoi le divin pasteur, qui n'est pas à son apprentissage, de son côté, ne tendrait-il pas la main à la charmante fille de Tyndare, et n'accompagnerait-il pas un tel geste de ce sourire fin et bienveillant tout ensemble, dont la meilleure traduction serait : « Je comptais bien que » les choses se passeraient ainsi. »

« N'allez pas m'objecter que cet épisode appartiendrait plus à un boudoir de la Lutèce moderne, qu'à l'Ilium des anciens : vous vous tromperiez, car ainsi conçu, il est partout dans la nature, constamment la même, sur les bords de la Seine, comme sur ceux du Scamandre. L'Amour, poussant Hélène par derrière, est un peu long de buste. Je lui eusse souhaité quelque chose de plus malin encore dans le regard. Cependant, tel qu'il se trouve là, l'idée en est jolie, et l'on vous en sait gré, quoiqu'elle ne soit pas nouvelle ; n'est-il pas écrit qu'il sera pardonné au bon larron ?

» Quant à votre Vénus, je la juge bien austère ; rien ne m'apprend à la distinguer de vos autres personnages qui, pour le dire en passant, me semblent tous sortis de la même palette : et cependant c'est une actrice d'un ordre supérieur que vous aviez à mettre en scène ! J'eusse donc désiré ici une touche plus fine et plus légère ; j'eusse surtout exigé des formes qui ne parussent pas avoir subi les travaux de Lucine. Vénus, il est vrai, fut souvent mère ; mais ce sont là des maternités qui ne doivent pas laisser de traces. A cette occasion, je vous raconterai un mot, dont une femme très-agréable de ma connaissance devint le sujet : elle relevait de couches, pour la troisième fois, sans avoir perdu cette élégance de taille, qui rarement survit à de telles épreuves ; et quel-

qu'un s'avisa de lui dire : « En vérité, Ma-
» dame, on serait tenté de croire que vous
» faites faire vos enfans par votre femme-
» de-chambre ! » Aux yeux d'un artiste,
Vénus ne devrait-elle pas jouir constamment de ce privilége, puisque les Grâces
font partie de sa maison ?

» Pour sauver l'inconvénient d'offrir,
sans une apparence réelle de divinité, la pro-
tectrice d'Ilium, l'épouse du bel Anchise,
à laquelle vous n'avez pas même donné
sa mystérieuse ceinture, dont elle ne doit
jamais être dessaisie, n'aurait-il pas été
convenable de la placer dans une sorte
de demi-teinte ? J'aperçois, à côté de
Pâris, un trépied sur lequel brûlent des
parfums : pourquoi ne pas l'interposer
entre Vénus et le trop heureux Phrygien,
aux amours duquel le Ciel même a le
soin de pourvoir ? La déesse aperçue à
travers un nuage d'aromates, ayant quelque chose de vaporeux dans les formes,
et reconnue du seul spectateur, eût été
la meilleure explication de votre pensée.
Quand il n'est pas donné au pinceau de

nous offrir les dieux dans toute leur majesté, ou, ce qui est peut-être plus difficile encore, dans toute l'élégance de leur nature éthérée, il lui reste, pour dernière ressource, d'en voiler la trop ravissante image. »

Ne semble-t-il pas qu'en donnant un tel avis, nous ayons eu le bonheur de pressentir la pensée de M. Girodet qui, dans sa Galatée offerte à notre admiration, depuis la première publication de nos lettres, a tiré tant de parti de la vapeur de cet encens, que Pygmalion, délirant d'amour, brûle déjà devant sa statue ?

La même anecdote homérique (nous voulons parler du *Retour d'Hélène*) est répétée, sous le n° 132, par M. Bosio, chez lequel on retrouve des intentions heureuses, mais dans l'exécution, selon nous, inférieur à M. Kolbe. Si son Pâris se ressent de l'expression que nous eussions souhaité lui donner, il faut avouer que le trait y manque d'une certaine mollesse, que l'un de ses bras est court, que l'épouse de Ménélas a de la roideur, que

le bras gauche de celle-ci, dans le ploie-
ment, offre un angle aigu très-désagréable
à l'œil et vicieux de dessin. Sa Vénus
tient plus de la statue qu'elle n'est vapo-
reuse ; c'est une belle femme dont les
contours ont peu de légèreté, et que,
par conséquent, on est tout surpris de
voir planer au-dessus du sol. En général
il y a quelque chose de cru dans la manière dont est traité ce sujet, qui appe-
lait naturellement, dans toutes ses parties, des formes suaves et harmonieuses.
C'est Hélène, c'est Pâris, c'est Vénus en
personne. Quand est-ce que l'artiste trouvera des teintes adoucies sur sa palette,
si ce n'est en pareille occasion ? Il est
possible que notre critique, comme trop
rigoureuse, devienne elle-même un objet
de censure ; mais elle doit avoir le caractère que nous lui donnons quand il s'agit
de gens à talens, les seuls dont les fautes
puissent devenir funestes à l'École. Nous
avons cru qu'à ce titre notre sévérité
serait, pour MM. Bosio et Kolbe, beaucoup plus honorable que notre silence.

De l'Iliade, passons à l'Odyssée.

Comment M. Lair a-t-il pu concevoir ainsi sa Circé? Quelle idée s'est-il donc faite du fils de Laërte? Cette magicienne n'a aucune des grâces séductrices de sa profession ; ce roi d'Ithaque n'a que le mérite d'un athlète chargé d'embonpoint. Certes, ce n'est pas là le cauteleux Ulysse ; au moins j'en douterais encore, si je ne voyais dans sa main la fleur de Molly, avec laquelle un dieu arma sa prudence. Des formes lourdes, un air ignoble, un coloris de brique qui, le prenant dès la racine des cheveux, ne le quitte qu'à la plante des pieds, me feraient imaginer que la scène se passe ailleurs que dans l'île de Circé.

D'ailleurs, afin de se conformer au récit d'Homère (aussi sacré pour les poëtes et les peintres que la loi et les prophètes), c'était à la magicienne de s'avancer vers Ulysse assis, et de lui offrir ainsi le perfide breuvage. Il y a donc ici contre-sens. J'en trouve un autre dans la nudité du héros, qui, certes, ne se présenta pas en cet état devant la fille du Soleil, à laquelle on pardonnerait beaucoup plus d'étaler sans voile des charmes dont elle veut essayer le pouvoir. Qui ne reconnaît que, sous le pinceau du peintre, l'allégorie du poëte ne laisse plus de traces? Vous savez dessiner le nu, vous le prouvez peut-être : que m'importe votre science en ce moment, puisqu'elle est déplacée?

Mais pourquoi nous arrêter davantage devant l'erreur d'un artiste qui nous prépare quelques indemnités dans ses deux tableaux d'église, sous les numéros 674 et 675? Demandons à M. Boisfremont quelque chose d'Homère. J'aime à croire qu'il nous servira mieux.

Son action est simple : c'est *Pénélope* étendue sur un lit de repos à la manière des anciens; c'est *Ulysse* devant elle, sous les livrées de la misère, mais inconnu, lui racontant ses aventures; et, à la gauche de la reine d'Ithaque, l'esclave Eurynome qui prête à ce récit une oreille attentive. On voit que le fuseau oublie de tourner entre les doigts de la suivante; mais on remarque qu'il entre plus de curiosité que de véritable intérêt dans l'expression de sa figure. Le contraire se fait heureusement observer sur celle de la fille d'Icare ; elle a conservé le genre de beauté qui sied à la vie retirée des femmes de la Grèce. Ses formes sont agréables, peut-être un peu trop juvéniles, si l'on n'admettait qu'il s'est opéré en sa faveur (comme le conduit à croire la tenacité de ses nombreux prétendans) ce charme qui, chez quelques femmes célèbres, prolongea souvent la jeunesse. La tête inclinée, et cherchant presque à dérober sa douleur aux yeux de l'époux qui s'en repaît en secret, elle pleure, et ses larmes l'embellissent. Le fil s'est rompu dans sa main ; le peloton de laine écarlate a roulé jusqu'à terre. Je cherche en vain près d'elle cette toile fameuse, monument interminable de fidélité ; je sais que, descendue de son appartement, la reine veut interroger le voyageur qu'on lui annonce, dans la salle même du festin, à la lueur du feu et des flambeaux près de s'éteindre, après le départ des

princes : mais, puisque en cela l'artiste
ne s'est pas conformé au dix-neuvième
chant de l'Odyssée, puisqu'il nous offre
l'épouse d'Ulysse le fuseau entre les doigts,
et près d'elle une corbeille remplie de
laines diversement nuées, il pouvait aussi-
bien ne pas oublier le voile destiné à la
sépulture de Laërte.

Ulysse raconte. Moins occupé de la
fable qu'il invente avec tant d'adresse que
de l'effet qu'elle produit sur son épouse,
il interroge encore plus qu'il ne satisfait à
la curiosité d'autrui ; sa joie perce dans
ses regards ; pour la première fois peut-
être il oublie la dissimulation qui lui est
familière, i l a vu (n'en doutons pas)
que, trop livrée à sa propre douleur,
Pénélope est loin de soupçonner sa ruse.

Tel est le tableau de M. Boisfremont.
Il renferme des parties dignes d'éloges.
Les chairs y ont de la vérité ; chez Ulysse,
elles sont viriles ; mais l'expression manque de cette noblesse qui, dans leurs
déguisemens mêmes, ne doit pas aban-
donner les hommes accoutumés à l'exer-

cice du pouvoir. Eurynome, trop ressemblante à sa maîtresse, est d'ailleurs exempte de reproches. La négligence de ses vêtemens tient à son état d'esclave et au second plan où elle est placée. Par le même motif de convenance, pourquoi la tunique et les accessoires de Pénélope n'ont-ils pas plus d'éclat? On ne saurait croire combien nuit à l'effet du tableau le tapis d'un jaune terne jeté sur le bas de cette figure. C'était le cas d'établir, par un luxe bien entendu de couleurs, un contraste avec les vêtemens délabrés d'Ulysse. Nous dirons aussi qu'une des mains d'Eurynome est plus grande que l'autre.

M. le Sage a beau me donner à lire une notice justificative du ton qui règne dans son tableau *des Danaïdes*, il ne me satisfait pas. Cette teinte livide et violette est d'une uniformité insoutenable. Au moins eût-il dû varier l'effet de ses jours, en tirant quelques lueurs du Ténare, qu'il pouvait placer dans l'enfoncement, non loin du fleuve où puisent les filles de Danaüs. Au reste, celles-ci sont fluettes

et longues ; elles semblent prêtes à se
fondre et à couler comme l'eau qu'elles
épanchent de leurs vases. Pour être sœurs,
doivent-elles tellement se ressembler qu'on
les croie jumelles ? Voilà la dixième
fois que je suis dans le cas d'adresser ce
reproche à nos artistes. Si, dans leurs
courses, si, dans leurs promenades, ils
avaient l'attention de crayonner les figures
qui s'offrent à leurs yeux avec quelque
caractère, leurs tableaux se ressentiraient
un peu plus de cette variété que la nature
prodigue à pleines mains. On les dirait
voués au génie de Greuze, qui n'a jamais
eu que quatre têtes dans la sienne.

Encore *l'Amour et Psyché !* Il serait
fâcheux, pour tout autre, de venir après
MM. David et Picot. Ici, cela ne fait
rien à l'affaire. Sous le numéro 911, on
nous donne deux figures également éclairées, sans opposition de formes, je dirais
presque sans variété de teintes. La verdure du bosquet est fade comme le coloris
des deux personnages qui y reposent, et
dont la nudité afflige d'autant plus, dans

leur intérêt même, que rien n'échauffe cette composition. Nulle entente du clair-obscur sur l'un ou l'autre. C'est un méplat continuel.

Encore *l'Amour et Psyché* ! (n° 301). Certes, ici le dieu garde l'incognito. Son visage sans expression, son ventre rentré, ses jambes grêles et ses ailes presque noires ne me feraient jamais reconnaître le fils de Vénus abandonnant sa jeune épouse. Poursuivi par les tableaux d'église, j'ai cru voir, aux pieds de l'Archange, une Ève condamnée à vider le paradis terrestre. Peut-être cette femme serait-elle assez correctement dessinée (quoi-qu'à trop grands traits, quand il s'agit d'une enfant de quinze ans) si la tête ne péchait par excès de réduction. Le front de celle-ci est étroit, et mon honorable ami, le docteur Gall, en tirerait des in-ductions peu favorables au bon sens de la jeune personne. Effectivement, Psyché fut un peu étourdie ; notre mère com-mune le fut aussi ; mais il n'est pas né-cessaire de le dire en peinture ; car les théologiens, qui ne savent pas encore distinguer l'ame de ses facultés, s'inquiéteraient bientôt pour le libre arbitre ; que serait-ce si les Pères de la foi venaient à s'en mêler ? De manière ou d'autre, ils finiraient par me prouver, ainsi qu'au docteur Gall, que nous avons tort tous les deux : lui, d'être un de nos premiers anatomistes ; et moi, d'avoir écrit sur le Salon.

LETTRE XIII.

MM. WATELET, JOLY, REGNIER, TRUCHOT, QUINART, BOISSELIER, RÉMOND, CHAUVIN, BOGUET, BARIGUES, PERNOT, TAUNAY, CARLES VERNET, MICHALON, Mlle SARRAZIN-DE-BELMONT.

Vous avez vu, mon vieil ami, avec quelle peine je me suis détaché des sites pittoresques qu'un pinceau magique reproduit à nos yeux ! Vous n'avez pas oublié combien ma causerie sur ce sujet a été prolongée ; et loin de vous en plaindre, en m'assurant que vos rustiques pénates vous en sont devenus plus chers, vous m'invitez à la renouveler. Je vais me rendre à vos désirs. Avant de traiter avec vous le second genre de paysage qu'il nous reste à décrire, je me permettrai une re-

marque qui naît même de vos aperçus :
c'est que le meilleur signe de la perfection de cette sorte de tableaux se trouve
dans le plaisir que l'on goûte à y arrêter
ses regards , ou dans le vœu que l'on
forme de posséder en propre quelque chose
de pareil ; d'y planter le piquet de sa tente
comme l'Arabe voyageur, d'y vivre, et même
d'y mourir comme l'infortuné Gallus ,
dont Virgile a su rendre la plainte si touchante. Celui-là , en effet , n'a jamais aimé
la campagne, ne l'aimera jamais , qui aura
jeté les yeux sur la dixième églogue du
cigne de Mantoue , sans se transporter,
au moins en esprit, dans cette Arcadie ,
au sein de laquelle le poëte fonde, pour
un ami , un système innocent de bonheur !

Telle est, à peu de chose près, l'impression que produisent sur moi les paysages
de M. Watelet. Je l'ai écrit, je le répéterai
encore , parce que cet artiste me semble
avoir dérobé son secret à la nature. Il en-
tend, il compose si habilement un site, ou
plutôt il s'en saisit avec tant d'intelligence

et de sentiment, que je croirais volontiers qu'il a recueilli l'héritage de Claude-le-Lorrain. Ce ne sont pas, peut-être, des ciels aussi purs, des fabriques d'un aussi beau style; mais ce sont au moins des eaux aussi limpides, aussi coulantes; des arbres aussi bien feuillés, aussi bien groupés, soit qu'ils marient leurs masses sans les confondre, soit qu'élançant leurs tiges par bouquets isolés, ils ayent l'air de former, dans la forêt, des épisodes solitaires. Quel œil ne suivra pas avec ravissement ses effets d'ombre et de lumière? Quelle pensée ne s'arrêtera pas, avec délices, sur ses modestes cabanes, où une sage Providence a eu l'attention de mettre le bonheur à si bas prix? Ne supposez là rien d'imaginé de ma part. Je me félicite, en moi-même, d'avoir senti un des premiers le mérite de cet artiste, et je suis presque fier, dans l'intérêt du compte dont je me suis chargé près de vous, d'avoir pris l'initiative de son éloge.

Je ne suppose pas toutefois qu'il possède le talent de nous enfoncer dans les profondeurs des roches caverneuses, de nous promener au milieu des précipices, dans ces défilés couverts d'ombres épaisses, où le voyageur, aux approches du soir, se représente involontairement les inquiétudes de sa famille rassemblée, et hâte son pas; où le cavalier effrayé de n'apercevoir autour de lui aucune trace d'habitation, presse les flancs de sa monture.... Quoique la *Forêt de Fontainebleau* soit largement traitée (n° 1198), quoique ses chênes soient cannelés par les ans et que leur feuillage prenne au mieux la teinte mélancolique de l'automne, nous ne croirons jamais que M. Watelet réussisse aussi bien à frapper notre ame par des sites âpres et sauvages, qu'il nous plaira par le doux spectacle de ses bosquets, de ses plans bien dégradés et de ses prairies arcadiennes.

C'est au pinceau de M. Regnier qu'il faut demander les accidens d'une nature tourmentée; c'est par lui, que nous serons appelés à contempler cette empreinte des siècles qui pèsent, de tout leur poids, sur la terre elle-même, comme sur les périssables monumens des hommes : M. Rémond se montre digne de le seconder dans cette tâche.

Le grand maître en ce genre, Salvator-Rosa, qui a laissé quelques imitateurs et très-peu d'élèves, a su parfaitement le parti que l'on pouvait tirer des émotions de l'homme dans la composition des paysages. Il ne plaît pas, mais il occupe ; vous diriez de ses tableaux une histoire sinistre qui oppresse, mais dont on veut entendre la fin. N'est-ce pas lui ou quelqu'un de son école qui, après avoir peint un défilé entre deux croupes de montagnes, nous offre un cheval échappé, traînant une selle dans un état de délabrement, et, sur l'avance d'une roche buissonneuse, deux jeunes pâtres qui regardent avec horreur? Voilà comment, sans placer sous vos yeux une scène sanglante, il vous la montre aussi réellement que si les assassins égorgeaient devant vous la victime. Vous avez tout vu, tout entendu : le cheval vous apprend que le malheureux voyageur, dans une attaque subite, a été renversé; l'effroi des pâtres vous dit que le crime est consommé ou va l'être. J'ai eu entre les mains ce sujet, d'une très-petite dimension, et je pense qu'il serait d'un fort effet dans un cadre tel que celui de la *Forêt de Fontainebleau*. Un artiste de talent se l'approprierait sans peine.

M. Joly a eu recours à des moyens plus directs de terreur, mais moins sûrs, dans une de ses *Vues d'Écosse*. On y découvre un antique château entouré de fossés; son architecture a quelque chose de menaçant et de funeste; elle donne l'idée d'un pouvoir qui dut désoler long-temps la contrée. Au-dessus de la porte principale, les jambes et les cuisses de la statue d'un ancien chevalier (sans doute l'un des premiers possesseurs de ce donjon) sont encore debout dans leur niche gothique; le buste a roulé dans les fossés fangeux. Un peu sur l'avant, en regard des tours crénelées, gît à terre un squelette humain dont une hyène dévore les restes. Voilà tous les acteurs; mais ils disent que l'endroit est périlleux pour ceux qui ont le malheur d'y porter leurs pas, soit qu'il serve de repaire aux bêtes féroces, soit qu'après avoir été le siége de l'oppression, ce château, pour continuer de fatiguer la terre de sa masse, serve d'asile au crime. Ce morceau a de l'effet, et est d'un assez bon ton de couleur.

La *Voûte gothique du château de Villendrot*, surmontée d'une muraille massive qui se perd dans un ciel orageux, et qui participe à la teinte nébuleuse de cette région supérieure, se présente sous un aspect très-imposant. On regrette que les figures placées auprès de la porte, soient d'une extrême médiocrité. Les Ruines du château des quatre fils Aymon sont empreintes du même caractère romantique, et sont dues à la même main.

Remarquable entre tous, M. Regnier a exposé plusieurs morceaux de ce style, dans lequel il paraît se complaire. Nous avons distingué ceux qui sont indiqués à notre attention par les numéros 932 et 934. Le premier offre un valon étroit

entouré de montagnes, desquelles se précipite un torrent. En face d'une image
rustique de la Vierge, on aperçoit Jeanne
d'Arc consacrant son épée au salut de la
France, qu'elle brûle d'arracher à l'étranger. Le site est sombre et solitaire ; la
pensée doit y être grave ; aussi, l'acte
religieux que le pinceau reproduit n'y est
point déplacé ; mais la figure de la guerrière se refuse à toute illusion, par la
négligence d'un costume mal entendu : le
vêtement dont elle est affublée s'applique
d'une telle manière sur ses reins, qu'on
les croirait couverts d'un large bouclier.

Le second tableau nous semble d'un
meilleur choix de composition : le lieu de
la scène est encore plus sauvage ; le ciel
est tourné à la tempête, et la nature
semble attendre dans un morne silence.
C'est alors que Macbeth, errant dans une
profonde solitude, voit tout-à-coup sortir
de l'infractuosité d'un rocher les trois sor-
cières de la forêt de Birnham , dont la
fatale prédiction va troubler ses esprits. Il
y a une teinte locale et mystérieuse dans

ce tableau ; tout y est en harmonie : le ciel, le site et les personnages. Mais, avouons-le, il s'agit ici d'une forêt ; le divin Shakespear parle de sa sombre profondeur, et à peine apercevons-nous deux troncs d'arbres dont les baguettes du cadre coupent encore le feuillage à sa naissance !

Avec beaucoup de mérite, l'auteur est uniforme dans les effets qu'il poursuit. S'il donne à ses fabriques un bon ton de couleur, il les répète trop fréquemment ; le style en est même un peu lourd, et son architecture ne nous offre pas assez ce beau gothique dont le genre s'applique le mieux à ces sortes de conceptions. Il est surtout un reproche que nous ne saurions nous dispenser d'adresser à M. Regnier ; son talent réel nous en donne le droit, et nous nous féliciterions si nos conseils pouvaient, en quelque chose, le diriger vers un succès complet dans un art dont il possède déjà l'esprit : nous voulons parler de la sobriété avec laquelle il répand les arbres sur sa toile.

« Songez donc , lui dirons-nous , que
les arbres sont la chevelure de Cybèle ,
et le plus bel ornement de l'habitation de
l'homme ; ne nous montrez la nudité ni
de l'une ni de l'autre. Je n'ignore pas que
vos fabriques sont imposantes , que la
touche en est romantique ; mais encore
faut-il que je sache à quelle nature de pays
elles appartiennent. Rien ne m'apprend
si elles font partie d'un village ou d'une
forteresse en ruines, d'un château ou
d'un faubourg abandonné. Les arbres ont
aussi leur majesté , leur horreur péné-
trante et leurs idées mélancoliques. C'est
sous les bosquets du Paraclet que pleure
Héloïse ; lisez Rousseau , et vous verrez
qu'il n'est jamais plus doucement ou plus
éloquemment inspiré que quand il a traversé la lisière d'un bois , ou qu'il s'est
reposé sous le feuillage d'un chêne. Vous
cherchez des effets ? vous les trouverez
dans la profondeur religieuse des forêts ,
dans les jets de lumière qui les coupent, et
dans les masses d'ombres qu'elles projettent.
Vous placerez sous celles-ci les ruines d'un

temple , et , sur les degrés usés par la prière , vous inclinerez le modeste péle- rin , ou la veuve désolée , ou le solitaire qui porte avec accablement le poids de la vie ; car il faut une action , il faut du mouvement sur la toile destinée à retracer les plus belles perspectives. La terre est le séjour où nous attendait la bonté du Créateur : si vous ne voulez attrister mon ame , gardez-vous donc de me mon- trer la maison vide d'habitans ; enfin , quel que soit votre talent , ce n'est pas avec des pierres toutes seules que vous composez un paysage : dans leur langage muet , elles me diront bien que l'homme , ce voyageur d'un jour , a passé par-là ; mais la promenade des tombeaux , pour profiter à l'esprit , ne doit pas être de trop longue durée. Les deux volumes d'Young me lassent , et Gray m'attendrit avec son petit poëme sur un cimetière de cam- pagne.

» Par un motif contraire , on serait tenté de désirer que M. Watelet eût plus sou- vent recours au prestige des ruines et des

monumens. Nous ne hasardons ce vœu
qu'avec une sorte de crainte ; car ce serait
peut-être demander qu'il dénaturât son
talent, et, en vérité, celui-ci est trop
aimable ; il nous transporte, par une illusion trop douce, dans les sites de l'heureuse Arcadie, pour nous permettre de
lui souhaiter un autre caractère.

» C'est donc d'un mélange bien entendu
de fabriques, d'arbres, d'eaux et de figures
que résultera l'harmonie de votre composition ; c'est de la proportion dans laquelle
vous les emploierez qu'elle prendra le style
qui la distingue. Certainement c'est peu de
chose que votre Voyageur qui se délasse au
pied d'un calvaire ombragé de quelques
bouleaux ; mais cette idée a du charme
dans sa simplicité même, et l'on est tout
étonné de s'y arrêter avec plaisir (936). »

Élève de M. Watelet, M. Quinart a su
placer avec succès le paladin Renaud dans
la forêt du Tasse (929). L'effet d'un coup
de vent y est bien rendu ; le bruissement
des branches doit s'y faire entendre, et l'œil
pénètre avec effroi sous le noir feuillage.

Mais pourquoi le héros, plus enfoncé sous les arbres, n'y frapperait-il pas déjà de son épée le myrte mystérieux? car j'eusse aimé autant le mettre en action que de le faire promener en avant de la forêt dont il est destiné à rompre l'enchantement.

« Jeune auteur du paysage où l'athlète Polydamas périt victime d'une confiance présomptueuse dans ses propres forces, vous avez fait choix d'un sujet susceptible de produire un grand effet, et je vous en saurais gré si vous l'aviez mieux conçu. Je ne me plains pas de vos arbres; je ne vous querellerai pas sur votre perspective ; mais mon œil n'entre point dans votre caverne. Votre athlète est mal dessiné ; il n'est ni éclairé ni dans la demi-teinte ; la roche que vous lui donnez à supporter est évidemment hors de proportion avec le volume de ses membres ; et, telle que vous la supposez détachée de la montagne, elle devrait avoir déjà écrasé le Thessalien qui a eu la témérité de vouloir l'arrêter dans sa chute. Pourquoi n'avoir pas supposé cette masse liée encore au côteau par des racines qui éclatent, qui se brisent, et à la vue desquelles le spectateur, témoin de cette scission imminente, à une seconde près, pourrait prédire la mort de Polydamas ? Pourquoi n'avoir pas éclairé la caverne par un jour auquel donnerait passage la fissure du rocher, et qui permettrait de suivre le travail musculaire de l'athlète ? Vous pouviez ainsi me torturer, et parler d'une manière forte à mon imagination : vous avez négligé ces puissans moyens, et elle est restée de glace.

» J'aime bien mieux votre *Vue du lac de Némi* (n° 115, par M. Boisselier). Vos montagnes sont éclairées avec intelligence ; le soleil semble les effleurer, ainsi qu'il arrive aux côteaux qui se montrent de loin exposés à ses rayons. Le bassin qu'elles entourent a de la transparence ; le sillage des petites barques qui le traversent y jette de l'intérêt ; le couvent placé sur la droite de votre toile, et la route qui y mène, ravivent cette solitude. Je regrette d'autant plus que le bouquet d'arbres, très-bien feuillé de la gauche, se montre sur le même plan, que la chaussée, qui unit les deux extrémités latérales de votre cadre, est un peu dure dans les tons de couleur de ses roches et de ses arbrisseaux. Au total, cette composition est agréable. La madone plantée dans le chêne, et les pélerins qui lui adressent des prières, se trouvent là fort à propos. »

On doit à M. Rémond deux bons paysages d'un genre romantique : dans le premier (n° 941), arbres, fabriques, personnages, tout est en harmonie. Un bois sacré, le temple des Euménides, *OEdipe et Antigone*, les habitans de Colonne les invitant à s'éloigner de ce lieu redoutable, le vieillard réduit à se mettre sous la protection des noires déesses : quel sujet de tableau ! Nous pouvons dire que l'artiste s'est montré digne de le traiter. Son *Phyloctète* dans l'île de Lemnos mérite également des éloges. Le flot de la mer vient expirer presque au pied du rocher où se traîne le malheureux dépositaire des flèches d'Hercule ; l'arc est à ses côtés avec la proie qui sert d'aliment à sa déplorable existence. La caverne qui, chaque soir, retentit du cri de sa douleur, s'aperçoit dans l'enfoncement. Le héros est d'une bonne étude ; on ne se plaint pas d'y trouver un souvenir et même un sentiment du *Laocoon*. La mer est vraie, et l'on voit bien que les rochers n'ont pas été crayonnés sur ceux de *Bagatelle* (1).

Elles sont bien remarquables, les *Fourches-Caudines* de M. Chauvin. Je ne sache pas de composition où les montagnes soient d'une meilleure perspective. Vous les voyez reculer et fuir sur la toile, à laquelle on dirait volontiers qu'elles n'appartiennent pas. Quel dommage que la ligne droite d'un pont se prolonge, outre mesure, dans le devant du tableau ! En prenant son site à la pointe de cette ligne,

---

(1) Jardin situé dans le bois de Boulogne, aux environs de Paris. On y voit des rochers d'un fort mauvais style, c'est-à-dire sans aucune vérité d'imitation.

l'artiste n'eût-il pas échappé à ce malheureux effet ? Ce serait un tort que d'oublier un tableau du même auteur, sous le n° 221, et qui offre *une Vue de Monte-Cavi.*

Nous reprocherons à M. Boguet, qui certainement n'est point étranger à son art, d'avoir maintenu plusieurs masses de rochers sur le même plan, et de n'en avoir varié ni les accidens ni les teintes dans son grand paysage historique. En faisant saillir les premiers en ligne, ce dont il est encore temps, il ferait reculer les autres. Le torrent qui a entraîné le corps de la reine Audrouère, victime de Frédégonde, y gagnera lui-même en vérité. Généralement ce tableau manque de l'une des qualités essentielles au genre sombre, qui est la vigueur. L'eau ne s'y brise point, elle ne blanchit ni n'écume ; et, pour le crime auquel on la fait servir, elle ne paraît pas seulement assez profonde.

Nous dirons à M. Barigues : « Vos arbres sont d'une verdure trop égale. » Il nous répondra qu'il les a vus tels, et il aura tort, même en ne se trompant pas ; car la nature donne aux végétaux des nuances diverses, excepté à l'époque de la révirescence dont se gardent soigneusement les peintres qui ne sont pas dépourvus de goût. Nous lui demanderons pourquoi ses plans se touchent ou se détachent avec sécheresse ? Il s'autorisera, avec aussi peu de motif, de leur proximité réelle ; car, s'ils sont rapprochés, ils se fondent l'un dans l'autre, et ne tranchent guère sur eux-mêmes ; s'ils sont éloignés, l'air, en comblant l'intervalle qui les sépare, les unit encore et leur enlève cette sécheresse trop frappante dans la *Sainte-Beaume visitée par François Ier et la reine Claude de Navarre.* Il en arrive ici tout justement ce qui a lieu sur le visage de la femme la moins agréable, où il suffit d'un léger voile pour mettre tous les traits en harmonie.

La vue du *Pont de St.-Maurice dans le Valais*, par M. Pernot, est digne d'attention. C'est peut-être le clair de lune le plus remarquable qui ait été exposé au Salon. Il y a de la vérité dans la pose de cette sentinelle qui, veillant à la garde du pont et du château, s'appuie sur sa lance et contemple l'astre argenté. Mademoiselle Sarrazin-de-Belmont nous a donné aussi, sous le numéro 1021, un Clair de lune qui n'est pas sans mérite. Les tableaux de ce genre, dont l'effet le plus ordinaire est d'inspirer une douce mélancolie, par l'uniformité du ton obligé, se ressemblent tous. Aussi généralement les artistes cherchent à les varier, au moyen de reflets dus à des crépuscules, à des incendies, à des flambeaux, des feux de bivouacs et de pêcheurs. Nul n'y a mieux réussi que M. Vernet, père et aïeul des auteurs de ce nom, qui manient aujourd'hui le pinceau avec tant de succès. Voilà donc trois générations qui s'honorent mutuellement. Le nœud qui les unit n'en dépare aucune. Le peintre de Marengo, M. Carle Vernet, auquel on doit plusieurs morceaux piquants de la présente exposition, peut s'asseoir, sans honte, entre celui de nos meilleures marines et l'improvisateur aussi spirituel qu'énergique du massacre des Mamelucks (1).

Le St.-Jean prêchant dans le désert, soutient la réputation de M. Taunay, quant aux figures. Celles-ci se groupent, d'une manière très-pittoresque, autour du saint précurseur. Variées dans leurs attitudes, elles sont touchées avec esprit et fermeté ; mais nous observerons franchement que le site manque à toutes les convenances. Je cherche en vain le Jourdain, encaissé dans des rives âpres ou romantiques. Je ne sache pas que St. Jean ait jamais voyagé au Brésil, comme le prétend M. Taunay ; mais je n'ignore pas que le fameux Salvator-Rosa, qui s'est plu à répéter ce sujet, n'a jamais oublié d'en placer le site dans la Judée, et de lui donner une teinte sévère, par cela

----

(1) Tout le monde connaît la rapidité du travail de M. Horace Vernet ; il semble moins composer que copier d'après un modèle qu'il a en lui-même : aussi ses ouvrages, finis sous le rapport du talent, sont de véritables improvisations, eu égard à la promptitude de l'exécution.

même en rapport avec la parole du premier prédicateur des chrétiens. J'ai encore présent à ma pensée, le tableau où
celui-ci, debout sur l'une des rives du
fleuve, fait entendre sa voix forte à tout
un peuple épars sur l'autre. Des roches
buissonneuses, des arbres desséchés ou
renversés s'aperçoivent sur le lieu de la
scène, qui semble créé tout exprès pour
répercuter les sons du prophète, destiné
à lier le dernier âge de l'ère patriarchale
au berceau du christianisme.

Je ne saurais terminer mieux un compte
rendu de nos richesses en paysages du
genre romantique, qu'en consacrant quelques lignes à l'ouvrage de M. Michalon.
Ce jeune artiste, actuellement à Rome,
vient d'y traiter un sujet puisé dans les
premiers siècles de la chevalerie. C'est
le plus célèbre des paladins, le fier *Rol-
land écrasé par un rocher* que, du haut
d'une montagne, les Maures ont roulé
sur lui, dans la vallée de Roncevaux.
Site heurté et tourmenté, ciel orageux,
gorges profondes, engrainement de mon-

tagnes, torrent écumeux, masses énormes
brisant les arbres et projetant au loin
leurs débris, soldats renversés, archers
qui décochent leurs flèches sur le premier des braves, tandis qu'Ollivier, son
frère d'armes, protège, d'un bouclier
impuissant, les derniers soupirs du héros : telle est la composition de M. Michalon. Rien n'y est confus ; le site est
d'un bon choix ; la couleur locale en est
vraie ; l'effet en est grandiose, et je crois
que l'on doit attendre beaucoup de son
auteur. Ce morceau tient du genre de
Lautherbourg ; on y voit peu de feuillage,
peu de verdure. D'autres productions nous
apprendront s'il y a eu, en cela, projet
ou impuissance de l'artiste ; jusqu'à présent il n'a droit qu'aux éloges.

Aimables ou terribles représentations
d'une nature qui, lors même qu'elle cesse
de nous plaire, nous émeut et nous fait
sentir puissamment la vie, je me suis félicité d'avoir à vous parcourir ! Je vous
dois beaucoup : vous avez retracé à mes
yeux, vous avez rapproché, dans ma

pensée, les scènes de mon premier âge,
ces actes fugitifs et doux d'une existence
qui est déjà loin de moi. Vous m'avez fait
revivre dans le passé ; et pour celui qui a
été contraint, plus d'une fois, de laisser
derrière lui les compagnons de sa route,
les pas rétrogrades ne sont point dépourvus de charmes. Ils attestent, ou ils rappellent qu'au moins, comme un autre,
on a porté quelquefois ses lèvres à la
coupe du bonheur. Ils donnent, à la vérité, des regrets ; mais, par cela même
ils interdisent le murmure ; car le regret,
s'il n'est un reste de possession, prouve
qu'elle n'a pas été sans douceurs. Sites
touchans ! sites sauvages ou mélancoliques, je vous chercherais en vain dans
l'enceinte de murailles, où le sort a fixé
mes pas ! Je rends donc grâces au talent
dont le prestige vous replace sous mes
yeux. Quand ma mémoire, semblable à
un pont en ruines, ne me permettra
plus de retours vers ce frais paysage de
la vie, appelé du nom de Jeunesse, vos
esquisses me mettront encore en présence

de tout ce qui m'a été cher, de tout ce
que j'ai regretté ; car telle est notre misé-
rable condition, que nous ne sommes
pas même assurés de garder nos regrets !
C'est donc vous désormais qui remplirez
ces lacunes d'une existence qui se survit
à quelques égards, et qui, pour savoir
qu'elle n'a pas été déshéritée dès son au-
rore, n'est pas fâchée qu'on l'oblige de
temps en temps à jeter un regard, bien
qu'un peu triste, sur le registre de ses
pertes !

LETTRE XIV.

MM. BERTHON, KINSON, DROLING, GROS, GÉRARD, LAGRÉNÉE, VANDECHAMP, PAULIN-GUÉRIN, BITTER, Mmes DESPERRIERS, DE ROMANCE, ANCELOT, Mlles GROSSARD, MAUDUIT, VOLPÉLIÈRE, LEBRUN, FONTAINE.

CETTE lettre, mon cher ami, sera employée à vous entretenir des portraits remarquables que nous offre l'exposition de 1819. C'est un genre de travail d'autant mieux accueilli des artistes, que plusieurs y trouvent un revenu certain., dont la ressource leur permet de se livrer, avec une sorte de sécurité, à la facture trèsdispendieuse des grandes compositions. Celles-ci mènent à la gloire ; mais, suivant l'expression d'Horace, la gloire est une substance peu nourrissante de sa nature, et tout le monde connaît l'histoire du médecin devant lequel Philippe, pour tout mets, fit brûler des parfums qui laissèrent ce Jupiter nouveau dans un état d'inanition dont il ne tarda pas à se lasser. On dit que les *Capucins*, de M. Granet, ont été vendus, à M. le comte d'Artois, douze mille francs ; *l'Amour et Psyché*, de M. Picot, à M. le duc d'Orléans, huit mille ; le *Gustave Vasa*, de M. Hersent, au même, pour moitié de cette somme : cela se peut. Mais remarquez bien que ces productions sont l'ouvrage de deux années révolues, que le succès en était, jusqu'à un certain point, douteux, et qu'il fallait l'attendre, tandis que les portraits, en sortant de l'atelier, deviennent productifs. Cet ordinaire n'est donc pas à dédaigner. Il est malheureux que les artistes s'acquittent des devoirs qu'il impose, aussi lestement que certains ecclésiastiques dépêchent leurs orémus et leurs préfaces. Que sont pourtant, que devraient être les meilleurs tableaux d'histoire? Rien autre chose que des portraits mis en action. Vous me représentez Thémistocle arrivant aux foyers d'Admète et prenant entre ses bras l'enfant du prince, pour implorer mieux les droits de l'antique hospitalité : je n'ai connu ni Thémistocle, ni Admète, ni son fils. Vous pouvez donc, en leur conservant une noblesse de traits, qui est présumable dans tous les grands personnages, à moins qu'il ne s'agisse expressément de Philopœmen (1), dessiner à votre gré ces physionomies d'un autre siècle ; mais vous ne sauriez vous dispenser de leur donner l'expression qu'une circonstance à peu

---

(1) Plutarque regarde Aratus et Philopœmen comme les deux derniers des Grecs. Le second de ces personnages illustres était si disgracié de la nature, qu'étant entré chez une pauvre femme pour lui demander le couvert, après s'être égaré lorsqu'il commandait en chef la ligue des Achéens, il fut invité par son hôtesse à fendre le bois avec lequel on devait préparer le repas de la famille. Ses compagnons d'armes l'ayant rencontré à la besogne, et lui en témoignant leur surprise, il se contenta de leur répondre : « Que voulez-vous ? il faut bien que j'acquitte la dette de ma mauvaise mine. »

PLUTARQUE, *vie de Philopœmen*. — *Hommes illustres.*

près semblable imprimerait sur des figures modernes; car en fait d'expressions, la nature ne connaît point d'anachronisme.

Au contraire, dès que les traditions ont parlé, vous êtes obligés de les suivre. Ce que j'avance est si vrai que, dans les compositions où il s'agit d'êtres connus par les médailles ou d'autres restes d'antiquité, sous peine d'encourir une sévère censure, les artistes ne peuvent se dispenser de marcher sur cette ligne. Nous avons félicité M. Mauzaisse d'avoir été fidèle à ces principes.

Il nous semble donc que le travail des portraits, comme prélude nécessaire de leurs ouvrages plus composés, mérite toute l'attention des peintres qui se sont mis en présence d'une noble perspective. C'est ainsi qu'ils peuvent amasser des études, que même, dans leur mémoire, ils peuvent se créer une galerie, où ils puiseraient au besoin et qui épargnerait à leur pinceau le reproche d'une stérilité peu flatteuse.

D'ailleurs, le portrait a sûrement donné

naissance à l'art. C'est par lui que l'on commence à se plaire à la peinture. Il la popularise, en donnant lieu à de doux échanges entre les amis et les amans. Moins dispendieux que l'œuvre du ciseau, plus frappant par les carnations qu'elle ne l'est par les formes, il vient au secours du cœur, quand la mémoire s'affaiblit; et les traits chéris d'un père ou d'une mère, d'un enfant ou d'une épouse, reproduits sur la toile, assez puissans pour consoler de l'absence, ne sont pas sans force contre les coups du trépas. On dirait une sorte d'évocation silencieuse, où le personnage apparaît pour suffire au premier besoin de notre douleur et la transformer ensuite en une douce mélancolie.

Si on ne peut faire parler un portrait, il faut au moins qu'il soit animé, qu'il soit caractéristique.

Nous retrouvons vraiment, dans ceux de M. Berthon, le docteur Alibert et lady Morgan, sous les numéros 82 et 84. C'est un échange de talens. Si la Parque mena-çait de ses funestes ciseaux les jours de l'artiste, le digne fils d'Esculape pourrait presque en renouer la trame ; la plume libérale de l'écrivain anglais pourrait même lui conférer un autre genre d'existence. En transportant sur la toile les traits de tous les deux, M. Berthon n'a fait probablement qu'acquitter une dette ou se préparer des droits, et, quoi qu'il arrive, on peut dire que son pinceau ne sera pas en reste, car les chairs de ces deux sujets sont vives et animées ; la touche en est spirituelle. Il y a quelque chose de fin dans l'expression donnée à lady Morgan ; M. Berthon venait probablement de lire les *Lettres sur la France*. Il n'a pas été aussi heureux, en peignant mademoiselle Duchesnois dans Jeanne d'Arc. Le caractère piteux de cette figure n'est pas en rapport avec la fierté du rôle, et le costume en est ingrat.

Je replacerai une seconde fois sous vos yeux le nom de M. Kinson ; car le portrait en pied d'une femme, sur laquelle se drape, avec beaucoup de vérité, un velours rouge, est d'une si bonne facture qu'il justifie cette répétition en faveur du n° 651.

Je n'aurai garde d'oublier M. Drolling, qui a pris pour modèle un jeune dessinateur de ses amis. Il est difficile de rien voir de plus vrai et de plus vigoureusement touché, la parole est dans le regard. Il suffirait de cette tête pour révéler un artiste.

Mademoiselle Bouteiller a exposé deux portraits de femme d'un dessin correct et d'une touche agréable (numéros 161 et 162). Cependant il faut avouer que, sous son pinceau, une robe française siérait mieux à Madame ***, que l'habit turc avec lequel elle s'offre à nos yeux.

Les portraits de M. Gros ne sont pas plus faits pour être oubliés que ses ouvrages historiques. Il y a de la hardiesse à couvrir une femme d'un cachemire rose, et à prétendre lui donner ensuite de belles carnations. M. Gros a été hardi sans témérité, et Madame *la comtesse de* *** est au Salon pour en donner la preuve. C'est de l'étoffe, ce sont des chairs qui sont sorties de la palette du peintre. Ces dernières ont de la vie et de l'élasticité ; cette femme presque également éclairée, n'en sort pas moins de la toile. On regrette que la main, occupée à ajuster le collier, soit un peu maigre dans la proportion du bras qui lui-même semblerait un peu court. On souhaiterait également plus d'expression dans la tête. Faut-il en accuser le peintre ou le modèle ? A quelques pas de là, le portrait d'un élève de M. Gros (*le comte de* **) est chaud de couleur. La tête ne serait pas indigne de Wandick. Elle renferme tout juste ce qu'il faut donner d'inspiration, sans l'outrer, chez un artiste. Les mains sont savantes ; mais leur grandeur démesurée est sans proportion avec la figure.

Madame *la duchesse d'Orléans*, par M. Gérard, n'est pas indigne de cet artiste, et c'est déjà en faire l'éloge ; mais on y cherche ces tons suaves et cette gracieuse harmonie de composition auxquels ce grand maître nous a accoutumés dans ses portraits ; il n'est personne en effet qui n'ait encore présens à sa mémoire l'aimable abandon et le magique de clair-obscur, par lesquels se distinguait celui de Madame Joséphine, assise sur un divan de satin jaune, telle que nous l'avons vue en 1802.

Après avoir traité avec sévérité l'OEdipe de M. Lagrénée, nous nous félicitons d'avoir à donner de justes éloges à son *Auteur assis près d'un bureau*. La tête réfléchit ; les étoffes tournent sur le corps ; et les mains sont d'une bonne étude. Nous regrettons que *Mademoiselle George*, du même auteur, se montre avec une expression commune et un front qui, dans les cheveux, ne trouve aucun accompagnement. Si c'est le moment de l'imprécation de Camille que l'artiste a prétendu rendre, rien n'en rappelle la véhémence ni le désordre (668 , 672).

Madame Desperriers a composé très-agréablement le *portrait d'une femme* qui tient un de ses enfans entre ses genoux, tandis que le second s'appuie sur son épaule (1607). Si la tête du premier était d'un meilleur ton de couleur, l'exé-

cution de ce joli tableau serait sans reproche.

M. le curé de l'Abbaye Saint-Germain,
peint par mademoiselle Grossard, ne nous
semble pas avoir été traité avec bonheur.
Nous n'avons pas l'avantage de connaître
cet ecclésiastique ; ainsi notre critique
n'ira qu'à l'auteur du tableau. Quand nous
voyons un abbé au teint frais et fleuri
qui, les cheveux légèrement bouclés,
l'étole sur la poitrine, tient, d'une main,
un crucifix, et l'indique de l'autre ; quand
un sourire de satisfaction accompagne ce
geste, nous sommes portés naturellement
à croire que le saint homme montre le
patron qui le nourrit, et auquel il fait,
en vérité, beaucoup d'honneur. Si, au
lieu de vous écrire, mon vieil ami, je
m'adressais à un artiste de profession, je
lui dirais : « Jeune homme, lorsque vous
» placerez le signe du salut dans la main
» d'un ministre des autels, souvenez-vous
» qu'il faut avoir à peindre, en même
» temps, ce teint plombé et ces joues caves,
» témoins irrécusables des peines de la vie

» et d'un glorieux combat contre les pas-
» sions ! Souvenez-vous qu'il faut placer
» encore, sur les lèvres, la promesse du
» pardon accordé au pécheur repentant,
» et dans le regard celle d'un consolant
» avenir ; car, pour plusieurs, les temps
» présens sont mauvais ! Ainsi, vous nous
» offrirez un père Bridaine ou un Vincent-
» de-Paul. En effet, une telle expression
» ne convient guère qu'à des personnages
» historiques ou consacrés dans la lé-
» gende. »

Or, comme M. le pasteur ne paraît pas encore disposé à prendre place dans cette dernière, avant de poser, il eût bien pu donner un petit mot d'avis à mademoiselle Grossard.

Serons-nous bien venus maintenant à blâmer la prétention qui perce dans une *Femme assise auprès de son clavecin*, nᵒ 326 ? Nous ne saurions pourtant lui passer son air maniéré, pas plus qu'une main trop longue emmanchée d'un bras trop court ; nous dirons même que sa robe papillotte ; mais nous remarquerons quelque indemnité, tant pour le public que pour l'auteur, dans le portrait de M. Fleuri, acteur, que nous ne sommes pas assez ingrats pour oublier, et dont on aime à reconnaître l'image piquante sous le pinceau de madame de Romance.

Puisque nous sommes sur le chapitre des prétentions, n'en trouverons-nous pas un peu dans ce *Militaire* qui, du pommeau de son sabre, semble indiquer sa croix d'honneur placée auprès de deux autres décorations ? La main qui fait cette désignation est trop petite ; le ton du tableau est cru, les couleurs en sont peu fondues. Cependant on ne saurait s'empêcher d'y apercevoir une tête de caractère.

Le même mérite, rendu avec plus de talent, se fait remarquer dans le n° 1138. C'est un *Homme de cabinet à son bureau.* Il y a de l'accord dans cette composition ; la touche en est ferme ; et je serais tenté de croire que le personnage mis en évidence est opiniâtre et décidé dans ses plans. Avec cette qualité et un esprit juste, on va loin ;

l'artiste, qui a su l'exprimer, ne doit pas s'arrêter lui-même en si bon chemin ; car nous sommes persuadés que le public a distingué, comme nous, l'ouvrage de M. Vaudechamp.

M. Paulin-Guérin a exposé un grand nombre de portraits ; si nous l'observons, ce n'est pas pour lui en faire un reproche. Nous le remercierons spécialement de celui de *M. Isabey*, qui est d'une bonne touche, et qui rappelle au mieux l'artiste dont le talent a donné la vie à une foule de célèbres personnages. C'était bien le cas de le rendre à notre premier peintre en miniature, et l'auteur du tableau qui arrête nos regards a parfaitement fait honneur à cette dette. — Nous ajouterons qu'il y a une mollesse de ton très-agréable dans le *portrait de madame la marquise de C****, dû à la même main.

M. Bitter se plaindra-t-il, si nous rendons compte ici de son joli tableau de genre qui nous est indiqué par le n° 99 ? Pas plus sans doute que madame Ancelot, si nous parlons de son *Henri IV chez*

Catherine de Médicis; car les deux artistes, fidèles à notre principe, ont au moins le mérite d'avoir mis leurs portraits en action.

Le premier nous montre Sully déchirant la promesse de mariage consentie par le Roi à mademoiselle d'Entragues, et que celui-ci vient de lui donner à lire. Son attitude est naturelle, le blâme est dans ses traits fermes et prononcés ; mais on y trouve aussi le respect. Le prince est emporté, violent même. Je n'eusse jamais cru qu'il eût été possible, sans la dénaturer, de donner cette expression à une figure créée si bonne et si joviale. L'artiste y est parvenu avec talent ; car, à mon avis, il en fallait pour mettre ainsi *Henri IV* en colère. Ceux qui voudront le voir en cet état se procureront cette satisfaction en cherchant le n° 99 ; ils ne regretteront pas leur peine.

Sans atteindre au même degré de ressemblance, madame Ancelot nous offre le Roi de Navarre entrant chez Catherine de Médicis, derrière laquelle se groupent les plus jolies femmes de la cour , tandis qu'à l'aspect de ce bataillon , plus redoutable que l'armée de Mayenne , Rosni croit devoir prémunir de ses conseils le prince un peu sujet à caution. Celui-ci se retourne vers son ami, et semble lui dire, dans son coup-d'œil significatif, qu'il a deviné la reine et qu'il répond de lui. Voilà ce que racontent parfaitement les physionomies des principaux personnages. Déjà les auxiliaires de Catherine se disputent le cœur de Henri ; elles sont sous les armes, et il faut convenir qu'ici le pinceau ne les a pas laissées au dépourvu. Peut-être souhaiterait-on que l'éclat des couleurs fût amorti dans quelques parties de ce tableau. Mais c'est une cour brillante, ce sont des femmes, et elles veulent toutes être belles ! Doit-on reprocher à une femme artiste d'être entrée dans leur secret ? Si quelques demi-teintes ont été oubliées, le temps ne se chargera-t-il pas de les faire ?

Les deux numéros 172 me montrent beaucoup de blanc et de rose ; c'est le *Mari et la Femme.* Je jurerais que le

peintre les tenait à la fois sur deux cheva-
lets, qu'il allait de l'un à l'autre. L'époux
pourra bien dire de l'épouse que c'est la
chair de sa chair. Le rapport de ces deux
morceaux est une chose étonnante ; si
l'artiste n'y a pas mis un peu du sien,
de force la sympathie a dû agir dans
cette union. Nous conseillons pourtant à
celui-ci de varier un peu plus ses teintes,
et même de changer quelquefois de pinceau.

Une femme qui semble fort aise de se trouver là, avec ses plumes, ses dentelles et sa
robe de soie verdâtre à brandebourg, a bien
l'air de tenir encore du n° 172. Sa satisfaction
est contagieuse, car sa figure rayonnante
déride le front de tous ceux qui la regardent
en passant : par reconnaissance, on devrait
au moins s'y arrêter quelques secondes.
Qui faudra-t-il accuser de l'ingratitude du
public ? ce n'est sûrement pas la dame,
puisqu'elle fait de son mieux pour paraître
de bonne humeur.

Quant à ce vert et frais vieillard du
n° 1589, je le trouve largement traité. Les

mains sont habiles, l'étoffe a de la saillie dans ses contours, la tête encore davantage. C'est un nouveau venu, et je n'en connais pas l'auteur; mais ce dernier sait faire le portrait (1).

Mademoiselle Mauduit a dessiné avec talent cette *Femme qui tient un bouquet champêtre*. Les chairs, les draperies ont de la vérité, et l'ensemble en est gracieux. Nous nous permettrons seulement de remarquer que le front n'est pas exactement dans la ligne des yeux. La *tête de madame de Fumel*, ancienne religieuse, de la même main, sous le n° 801, ne déparerait pas un tableau de Philippe de Champagne. En fait de portrait, il n'y a rien de supérieur au Salon.

Sous le n° 1188, *une jeune Femme* vêtue de rose, vue à mi-corps, les bras croisés et entrelacés avec son schall, fait honneur au pinceau de mademoiselle Vol-

____

(1) Nous avons appris que l'on doit ce morceau à une jeune personne qui, avec beaucoup de succès, s'est servie de son père pour modèle.

pélière. La tête est pleine d'harmonie, l'expression en est attachante, les mains sont d'un joli modèle, et les perles de toute la parure d'une imitation remarquable. Nous reprochons aux cheveux d'être un peu durs, et à la figure d'être fort éclairée sur un fond très-sombre : on se demanderait volontiers d'où viennent les jours.

En supposant qu'il n'y eût rien de gêné dans la main qui tient le ridicule, nous n'aurions aucun reproche à faire au n° 713, car la jeune personne qui y est dessinée en pied se montre avec avantage. La mousseline brodée dont elle est vêtue est légère et drape bien. L'effet de ce tableau plaît : son auteur, mademoiselle Lebrun, porte un nom cher aux arts ; si elle le tient tel d'héritage, elle fera honneur à la succession ; s'il n'est qu'un homonyme, elle saura en relever la valeur.

Le cadre 442 offre *une Femme assise près d'une table*. La tête est spirituelle ; et ce tableau, peint avec talent, est d'un effet si agréable, que l'on souhaiterait en réformer le nez, qui sûrement n'a point été flatté par l'artiste. Diderot disait avec raison qu'une verrue, qu'un léger signe servaient à compléter une ressemblance : peut-être, en voyant ce portrait, dira-t-on sans hésiter : « Voilà madame une telle. » Mais, en honneur, mademoiselle Fontaine eût dû laisser la chose un peu plus en doute. Du reste, son genre de travail mérite des éloges.

Parmi nos bons peintres de portraits, j'ai tracé beaucoup de noms de femmes : me sera-t-il permis d'en tirer une conséquence ? C'est que, conduites par leur position dans la vie à observer, elles sont plus propres que nous à saisir, sur les physionomies, ce qui en fait le caractère. Un étranger survient dans un cercle : les femmes l'ont jugé, avant même que ses amis l'aient aperçu. Il y a quelques années qu'il s'était établi à Paris une société des observateurs de l'homme ; si elle existait encore, et qu'on y professât, je crois que les femmes pourraient y concourir pour le bonnet de docteur. J'ai pour garant de

mon opinion plus de trente excellens portraits dont le Salon de 1819 a été enrichi
par elles. Sous ce rapport, la balance est
en leur faveur.

LETTRE XV.

MM. CRÉPIN, MEYNIER, FRAGONARD, HORACE
VERNET, ROUGET, BERTHON.

COMPTANT vous avoir donné au moins
une légère idée de ce que le Salon renferme de plus remarquable, je vous ai
envoyé ma lettre sur les portraits, et je
souhaite que ma plume à son tour ait été
assez heureuse pour saisir, de ceux-ci,
l'esprit, les qualités, les défauts et la ressemblance. Le temps me talonne : je
crains de ne pouvoir vous entretenir de
tout ce qui mérite votre attention. J'eusse
voulu vous avoir déjà parlé des marines
de M. Crépin, n'eût-ce été que pour lui
donner un conseil utile; car s'il rend
toujours en perfection les vagues de la
mer, il faut convenir qu'il prend une
fausse route dans la manière de traiter les

rochers et les personnages. Une teinte de lilas domine dans les uns comme dans les autres. Ces derniers ont, en outre, une apparence spongieuse qui ne peut manquer de nuire à l'effet et à la durée de ses tableaux (numéros 250, 251). Peut-être même auriez-vous le droit de me demander quelques lignes sur plusieurs morceaux de genre, envers lesquels je me reproche un oubli, qui trouve sa seule excuse dans le trop grand nombre des productions soumises à notre examen. Voilà ce que je me disais, il y a peu de jours ; mais les tableaux survenus au Salon, après une longue attente du public, me chargent envers vous d'une dette qu'il est encore plus pressant d'acquitter.

M. Meynier, auteur d'un plafond (grand escalier du Musée), dont les figures se lient avec accord, ont du relief sans être tombantes, et se prêtent à l'illusion d'une perspective très-difficile à créer, si ce n'est que l'un de ses personnages (l'Architecture) manque de développement par suite d'un raccourci défectueux ;

M. Meynier, dis-je, nous offre une nouvelle preuve de talent dans le tableau dont il vient d'orner le Salon.

L'ingratitude est de l'essence des républiques; et si cette forme de gouvernement, là où elle est possible, est avantageuse au peuple, il faut convenir qu'elle ne cesse d'être menaçante pour les hommes d'État. Athènes s'acquittait avec la ciguë envers ses sages et ses capitaines, sauf à s'en repentir quelques années plus tard. Phocion, condamné à ce fatal breuvage, fut traité encore plus durement que Socrate, puisqu'une sentence de mort, mise à exécution, ne le sauva pas de l'exil. Transporté, comme un reste impur, hors de l'Attique, son cadavre fut brûlé, non loin des terres d'Eleusine, avec un tison allumé sur celles de Mégare. Ainsi le voulut un décret des Athéniens; car la colère du peuple a ses raffinemens comme la haine des despotes. Cependant, une Mégarienne, pleine de respect pour la mémoire de Phocion, ayant recueilli les os du condamné dans un pan de sa tunique, les apporta chez elle ; et au milieu de sa famille rassemblée , elle leur donna religieusement un asile près de l'autel de ses dieux domestiques.

En traitant des sujets anciens, nos peintres jouissent du privilége de pouvoir relever des personnages populaires. Un laboureur de l'Attique, ou même de Mégare , n'est pas un simple paysan ; sa femme et sa fille ne sont pas des pastourelles : une draperie large se modèle sur les membres vigoureux de l'un ; des cheveux tressés agréablement coëffent les autres. Leurs formes se développent avec aisance, ou se laissent entrevoir avec grâce, sous un vêtement favorable à la beauté , et l'expression s'ennoblit de la nature même des idées , qui doivent entrer dans des têtes peu étrangères aux grands intérêts de leur pays.

M. Meynier a senti une partie de ces choses. Chez lui, la pieuse femme de Mégare est en action. Sa tête bien drapée et d'un style grandiose a de la mélancolie ; son attitude est naturelle. Agenouillée , elle incline le pan de sa robe vers la fosse qui n'est qu'une simple excavation dans le sol ; et elle s'aide de ses mains, peut-être avec excès d'attention, dans ce triste office. Celles-ci sont trop étudiées ; leurs articulations les feraient même rapporter à un autre sexe. Debout, en face, son mari regarde le dépôt confié à la terre, avec un intérêt, certainement mêlé de réflexions sur le sort qui attend les ci-toyens les plus dévoués à leur patrie. Il semble montrer à un enfant, dont les formes, selon nous, n'appartiennent ni au premier âge ni à l'adolescence, l'espace où furtivement va s'enfouir le peu qui reste d'un grand homme. Ce Mégarien est bien dessiné. Ici la touche de M. Mey-nier est ferme et vigoureuse, et son pin-ceau a su répandre une couleur locale sur une partie de la composition, dans la-quelle entrent encore trois personnages qui conspirent, plus ou moins, à l'effet. Dans ce nombre on remarque une jeune fille également à genoux près de sa mère ; sa tête, d'un profil heureux, offre la trace d'une douleur qui n'est pas sans beauté. Je la préfère à sa sœur debout, à côté du Mégarien, et dont le coloris est moins vrai ; quant au jeune homme, entre les mains duquel, aux approches du jour, une lampe vient de s'éteindre, s'il ne paraissait pas observer, à la porte, dans la crainte que l'arrivée d'un étranger ne jette quelque trouble dans ces soins funèbres, nous nous étonnerions de ne pas le voir directement compris dans l'action principale. Par exemple, nous eussions autant aimé qu'il eût soutenu la pierre prête à recouvrir les cendres que repousse, avec tant de cruauté, la terre de l'Attique.

Cet ouvrage fait honneur à M. Meynier, et pourtant nous lui demanderons pourquoi l'enfant du Mégarien assiste tout nu à cette cérémonie ? L'aurait-on subitement enlevé au sommeil pour le rendre témoin d'un tel spectacle ? En admettant cette supposition, la plus légère draperie aurait été encore convenablement et même avantageusement appliquée sur ses membres. En cela, comme dans quelques autres dé-

tails, nous avons reconnu plus de *faire*
que de sentiment. M. Meynier devrait se
tenir en garde contre cette rapide facilité
qui exécute avec hardiesse, mais qui,
trop souvent, reste étrangère au vrai
goût.

M. Fragonard n'était, jusqu'à présent,
connu que par des sujets agréablement
dessinés, et dans lesquels il semblait marcher plutôt sur les traces de son père, que
prétendre s'élever aux sévères beautés du
style historique. Dans cette route péril-
leuse, ses premiers pas méritent d'être
encouragés.

François Ier, debout près d'un autel,
la main posée sur un livre d'Évangiles,
jure de servir Dieu, l'honneur et les dames.
Derrière lui, un évêque en habits d'officiant, à la gauche Bayard dans un fauteuil, reçoivent le serment royal ; tandis
qu'assises du même côté, sur des tabou-
rets, des femmes de la cour prennent part
à la cérémonie, et qu'à la droite, des
pages, vêtus de velours violet, portent
l'épée et les éperons d'or du nouveau

chevalier. Quelques autres personnages, tels que des enfans-de-chœur et des serviteurs du roi, remplissent les vides de cette vaste composition.

Nous commencerons par blâmer la manière dont le trait historique est présenté : il nous semble que c'est sous une tente, et non dans une chapelle, qu'il dut avoir lieu. Nous croyons encore que ce n'était pas le moment du serment, peu susceptible de s'expliquer de lui-même, qu'il fallait mettre en scène, mais bien celui où le chevalier sans peur et sans reproche donne l'accolade au Roi, du revers de son épée ; ou, à son défaut, celui où les dames chaussent les éperons d'or. Le prince est peu ressemblant, son costume sans éclat, sa taille courte et de peu de dignité, quoique la main s'étende avec franchise sur le livre. La pose du prélat mérite des éloges dans sa gravité pontificale. Bayard, trop jeune, si l'on consulte les chroniques, et d'une figure peu guerrière, s'offre au spectateur avec un air bien calme et bien tranquille. Voilà l'inconvénient de ne l'avoir pas mis en action. A peine le dirait-on témoin de l'acte dont il est le principal ministre. M. Fragonard n'a pas échappé ici au défaut dans lequel tombent tous les jours les artistes, qui peignent et posent leurs personnages, plus avec la pensée de les offrir aux regards du public, que de les livrer tout simplement à l'objet pour lequel ils sont appelés sur la toile.

Trois pages, dont on ne voit que le dos, sont parfaitement rendus : c'est un des repoussoirs les plus vigoureux et les plus naturels, par l'effet d'une bonne entente du clair-obscur, que j'aie rencontrés dans un tableau moderne. Les enfans-de-chœur, habillés de blanc, qui les précèdent en face de l'autel, sont d'un aspect agréable, et leurs têtes ne manquent ni d'attention ni de naïveté. J'accorderai un style large et même des grâces aux femmes groupées à la gauche du spectateur ; j'y trouverai encore quelque chose qui remonte aux bons maîtres de l'École italienne : mais je suis forcé de vous dire que les jours, tels qu'ils sont distribués dans cette partie du tableau, se comprennent peu, qu'on ne sait trop d'où ils viennent, qu'à certains égards ils se contrarient, et que l'emploi des demi-teintes était ordonné ici dans l'intérêt de l'harmonie générale.

M. Fragonard a placé, presque dans la bordure du côté droit de son tableau, un quart de figure qui, du nez, se prolonge, par une ligne droite, jusqu'à terre, et dont on n'aperçoit par conséquent qu'une section de casque, un bras, le bout des pieds et une partie des cuissards. C'est un guerrier tenant une bannière. Cette hardiesse, qui vise à l'effet, n'est que baroque, et nous engageons l'artiste à la supprimer. Je ne vous laisserai pas ignorer, mon vieil ami, que nous devons à l'auteur du *Serment de François Ier*, le bas-relief dont se décore le fronton du palais où siégent les députés des départemens. Quand la même main, avec un droit égal à l'éloge, tient le ciseau et le pinceau, le génie des arts sourit à cette

Page 221.

double gloire, et la patrie en tire une juste vanité.

Avant de vous parler de la leçon donnée à Gabrielle d'Estrées, en présence de Sully, par l'excellent Henri IV, ne fût-ce que pour vous délasser de l'examen des compositions historiques, je veux vous dire deux mots d'un petit chef-d'œuvre, nouvellement sorti de la palette de M. Horace Vernet.

Il s'agit d'une scène de guerre, telle qu'on en voit malheureusement beaucoup; mais elle n'a rien de hideux et elle est très-attendrissante. Dans un espace de quinze ou dix-huit pouces, trois personnages arrêtent vos regards : c'est un trompette étendu à terre; c'est son cheval, d'un blanc pomelé, et peint comme s'il sortait de chez Wouvermans; c'est son chien barbet que vous aurez sûrement rencontré quelque part, à la suite d'un escadron. Le pauvre coursier, avec une balle lui-même dans le flanc, incline sa tête vers son maître, et semble, dans ses regards inquiets, le questionner sur son silence : on le dirait tristement occupé à se rendre compte d'une immobilité qui l'afflige. Cette expression d'un coup-d'œil interrogateur a quelque chose de si frappant, que l'on est presque effrayé de surprendre une pensée humaine dans le cerveau d'un quadrupède. Le mouvement d'un des pieds de devant, ployé et soulevé sur le cadavre, annonce à la fois la crainte d'offenser et le désir de provoquer un réveil. Le barbet, l'oreille basse, la queue traînante, lèche le front du guerrier qui naguère excitait les courages, et qui lui-même ne répondra plus à l'appel ; car sa tête est fracturée d'un coup de feu. Tout cela est rendu avec une vérité dont l'impression reste au fond du cœur. L'*Indépendant* nous a attendris, en citant le chien qui, à lui seul, forme le cortége d'un malheureux traîné à Vaugirard par le charriot funèbre ; mais le tableau qui m'occupe est bien plus riche d'idées et d'exécution que cette toile sans relief. Ici l'artiste a trouvé le secret de réunir et de faire éclater, dans toute leur douleur, les deux seules amitiés véritables que l'Européen ait su se créer hors de sa propre espèce. L'homme peut donc avoir deux amis, sans recourir à son semblable ! Est-ce que prévoyant la misère de quelques-uns de ses plus malheureux enfans, le Père céleste aurait été assez bon pour leur permettre encore d'aimer et d'être aimés ? dans ce cas, le peintre serait entré dans son secret, et je puis dire qu'il a dignement célébré les deux amis de ceux qui n'en ont plus. Le pauvre trompette est bien mort ; il n'a à côté de lui ni une mère, ni une amante, ni seulement un camarade qui le pleure ; toutefois, il n'échappe pas à la vie sans être regretté. Son cheval et son chien acquittent ici parfaitement la dette de la nature humaine. Mais que deviendront-ils eux-mêmes ?... Honneur soit au pinceau de M. Horace Vernet, qui nous force d'y songer ! honneur à ce qui donne un sentiment exquis à ce pinceau !

Irrité de l'insolence de sa maîtresse envers son premier ministre, Henri IV disait à Gabrielle, en présence de Sully :

« J'aurais plus de peine à trouver un ser-
» viteur comme lui, que dix maîtresses
» comme vous. » Tel est le sujet traité
par M. Fragonard. Ce tableau, qui n'est
pas dépourvu d'un certain mérite d'expression et même d'exécution, pèche es-
sentiellement. La figure de Gabrielle est
peu agréable ; elle rappelle trop Marie de
Médicis, quant aux traits du visage, et la
Magdeleine de Lebrun pour le mouvement de robe. Un reproche d'autant plus
grave atteindra les deux autres personnages, qu'ils ont laissé des souvenirs auxquels nul artiste ne saurait se soustraire ;
et quand un peintre d'enseignes ne
manque pas un Henri IV, ce n'est pas à
M. Fragonard de faire une substitution
dont aucun spectateur ne voudra être le
complice. On croit reconnaître encore, dans
le ton et l'ordonnance de ce tableau, une
intention un peu trop prononcée de marcher sur les traces du célèbre Vandick.
En soi-même, ce désir est louable. Nous
nous porterions volontiers à l'encourager ;
mais il faut prendre garde qu'une imita-

tion trop servile dégénère en pastiches. J'ai vu deux Téniers composés dans le genre du Poussin. Le style de ce fameux maître, à quelques égards, était assez bien saisi, et pourtant j'eusse préféré une scène de cabaret. Avant tout, il faut se modeler sur la nature ; et si l'on ne peut atteindre à cette hauteur, au moins faut-il être soi.

Qu'il nous soit permis de placer ici une remarque, en apparence étrangère à l'art, mais qui peut guider les jeunes élèves dans le choix de leurs sujets. Le tableau sur lequel je viens d'appeler votre attention m'en fait naître l'idée : ne vous semble-t-il pas, comme à moi, que cette galanterie, justifiée par un reste de mœurs chevaleresques, rendait Henri IV excusable dans ses amours, et qu'aujourd'hui certainement il ne les afficherait pas. Le régime constitutionnel, auquel on impute tant de torts, au moins n'a pas celui de favoriser la licence des grands dignitaires au sein de l'union conjugale. Les habitudes de la vie ont pris quelque chose de grave et de sérieux, qu'elle ne comportait pas il y a trente ans. La mauvaise foi seule refuserait d'en convenir. Les femmes ont moins d'influence dans les affaires. Comme maîtresses et comme intrigantes, elles perdent beaucoup : il ne faut pas se le dissimuler ; comme épouses, comme intéressées à la gloire de leur pays, elles gagnent davantage. En cette double qualité, tout est profit pour elles ; car la chaîne de l'union domestique s'est resserrée, sans s'appesantir. Ce que la religion n'avait pu obtenir avec toutes ses menaces, le régime représentatif y est parvenu par suite de l'estime dont il faut que jouisse le citoyen qui prétend à la confiance de ses pairs. Les idées religieuses ont servi la civilisation ; et celle-ci le leur rendra, pourvu que l'on ne force pas le ressort.

Revenons à nos tableaux : M. Rouget ne manque pas d'ordonnance dans le *Saint Louis recevant les envoyés du Vieux de la Montagne*. La figure principale est conforme aux traditions. Un des envoyés se présente avec un beau profil de musulman. Au côté opposé, on distingue d'autres caractères de tête assez remarquables, notamment celle d'un vieillard, qui, réclamée par le second plan, demanderait à être un peu éteinte. Ce tort de l'artiste porte avec lui son excuse, et l'on est heureux d'avoir à pardonner de pareilles fautes. Les personnages de la gauche sont un peu épais, un peu courts, communs même. On reprocherait, en général, à ce tableau des crudités d'autant plus blâmables, qu'un même ton de couleur vineuse y range plusieurs figures sur la même ligne. La vigueur de certaines parties d'une composition, destinées spécialement aux regards, disparaît dès que toutes les autres y participent. On a voulu être fort, et l'on n'est que sec et uniforme. Dans un groupe d'hommes, la nature établit toujours quelques reliefs et quelques dégradations. L'interposition de certains objets, de l'air même, les fait naître. Comme ce dernier n'est pas toujours au pouvoir du pinceau, c'est à l'artiste d'y suppléer par des demi-teintes, dont l'exac-

titude pourrait être rigoureusement con-
testée, mais qui rentrent dans la vérité
du tout, puisqu'elles sont nécessaires à
l'effet.

Quand on se souvient d'*Angélique et
Médor* entrant dans la cabane du berger
chez lequel ils se marièrent, on est tenté
de traiter rigoureusement leur *départ*.
C'est M. Berthon lui-même qui nous a
rendus difficiles. Les deux acteurs principaux, ici, nous semblent grêles, et leurs
formes peu moelleuses. Peut-être sommes-
nous conduits à cette critique sévère, par
le rapprochement de trois bras et de trois
mains dans un espace trop resserré. Dans
ce cas là même, il eût été du devoir de
l'artiste d'éviter un amas qui nuit à toute
la composition. Les chevaux nous semblent médiocrement étudiés. Il y a du naturel dans le vieillard auquel Angélique
fait don du bracelet qui signala l'amour
de Roland. M. Berthon s'est souvent es-
sayé sur ce sujet : qu'importe qu'il reste
des couleurs sur la palette, si celles de
l'imagination sont épuisées ?

LETTRE XVI.

Campaspe, *de* M. LANGLOIS. — *Pygmalion*, *de* M. GIRODET.

~~~~~~

RETOURNONS à cette histoire grecque, qui seule, entre toutes les histoires, à travers les siècles, se présente toujours avec un air de jeunesse. M. Langlois a mis sous nos yeux un trait de la *générosité d'Alexandre*, cédant Campaspe, la plus belle des femmes, au célèbre Apelles, le plus habile des peintres.

Placé entre l'artiste et la beauté qui lui sert de modèle, le prince de Macédoine a plutôt une expression étonnée que celle qui convient à la circonstance. Il est tourné vers Apelles sans le regarder, et celui-ci le lui rend en dirigeant ses yeux plutôt vers la muraille, que sur son bien-faiteur, ou sur Campaspe elle-même.
~~~~~~

Le héros est armé d'un casque qui est d'un ton dur de couleur. Ses cuisses me semblent courtes dans la proportion des jambes, dont la mollesse et la pose sont peu viriles. Son geste serait naturel si les doitgs de la main qu'il tend à l'artiste étaient plus rapprochés ; mais on doit avouer que cette main, telle qu'elle est, sort parfaitement de la toile. Le profil d'Apelles est agréable et tient de l'Apollon, sans encourir le reproche de plagiat. Enlevé à son travail par les paroles qu'il vient d'entendre, dans son attitude inclinée vers le héros, il est sensé donner un libre cours à sa reconnaissance. Cette figure est bien drapée, bien dessinée. Toutefois, nous croyons qu'un sentiment des articulations a été refusé au genou placé dans la demi-teinte.

Assise sur un fauteuil, sur le dos duquel est jetée une draperie bleue d'azur, la taille légèrement couverte d'un voile diaphane que la plus belle main essaie de remonter jusqu'à la gorge, Campaspe brille de ces attraits qui accompagnent chez une

femme, le passage de la tendre adolescence
à la florissante jeunesse. La tête garnie
d'une guirlande de roses , d'un incarnat
moins doux que celui de son teint , elle
baisse ses paupières ; elle incline même
cette tête très-agréable , quoiqu'un peu
moins grecque que française , avec une
expression de pudeur pleine de charme.
Tout en elle décèle un embarras virginal ,
témoin le croisement de l'un de ses pieds,
dont l'orteil pose, avec une sorte d'inquiétude, sur le talon de l'autre ; témoin cette
main qui retombe, avec un délicieux
abandon , lorsque le prince , soulevant le
bras de sa captive , semble la diriger vers
Apelles, mouvement auquel celle-ci se
prête, mais ne se livre pas. Les jambes
sont de la plus jolie forme. L'une d'elles,
placée dans la demi-teinte , a des contours
qui semblent dérobés à la Thétis de la Villa-
Albani (1). Les genoux rosés, un peu ronds,

____

(1) Sous le rapport des jambes et des cuisses,
comme imitation d'une belle nature , on ne connaît
rien de plus remarquable que la statue de femme

tels qu'ils appartiennent à l'âge que nous venons de décrire, dans leur rapprochement même, ont quelque chose de timide et de mystérieux, dont l'œil se détache avec regret.

Telle est la Campaspe de M. Langlois; et il faut convenir que, par la pureté du dessin et le naturel de l'expression, elle rappelle parfaitement l'école de son maître, M. David. Ajoutons que le ton des chairs en est vrai. Peut-être souhaiterait-on une distribution de jours moins égale sur la gorge ; et cela sans doute, parce que celle-ci manque de *modelé*. C'est le seul reproche que nous croyons convenable d'adresser à cette figure, qui tire encore quelque éclat du soin avec lequel sont traités ses accessoires. En dépit d'un mérite dans lequel nous aimons à reconnaître

trouvée dans les ruines de Lanuvium, où le cardinal Albani avait ordonné des fouilles. La rame qu'elle tenait de la main gauche, et qui s'appuyait sur un triton, lui fit donner le nom de *Thétis*. La tête manquait à ce bel antique, aujourd'hui restauré.

un beau talent, ce tableau est froid. La raison? nous l'avons donnée; c'est que, sur les trois personnages dont il se compose, il y en a deux qui ne concourent pas à l'effet. Apelles était susceptible de recevoir deux caractères de physionomie : celui de la reconnaissance, en tournant des yeux expressifs vers le roi de Macédoine; ou d'un violent amour, en s'inclinant sur la main du prince, pour lancer, à la dérobée, un regard de feu sur Campaspe. On ne retrouve chez lui aucun de ces deux caractères. Le visage d'Alexandre devait dire : « Vois comme elle est belle, et pourtant je te la donne! » Et le visage, qui n'est qu'étonné, ne dit rien.

Ici, nous trouvons l'occasion de remarquer à quoi se réduisaient, chez les anciens, leurs actes tant vantés de continence. La vie conjugale se présentait à leurs yeux sous un autre aspect qu'aux nôtres; elle était moins une intimité de deux êtres, qu'une garantie de la succession des familles. On aimait mieux un ami qu'une épouse ou une maîtresse ; aussi était-il

fort ordinaire de sacrifier l'une à l'autre ;
enfin, on ne voyait guère autre chose
dans une femme que la beauté physique. L'i-
déal de l'amour, qui s'attache aux charmes
d'une pensée vierge, qui se complaît dans
les qualités d'un cœur généreux et tendre,
étant inconnu à tous, on ignorait ces déchi-
remens qui enlèvent un être nécessaire à
un autre être, qui creusent un abîme dans
l'existence, et qui font maudire jusqu'au
pouvoir à celui qui n'en a pas assez pour
se faire aimer. Bien analysé, que fut le
mérite de Scipion rendant une épouse à
son époux? Très-peu de chose; tout au
plus, pour un homme riche, le sacrifice
d'une somme d'argent en rapport avec le
prix d'une belle esclave. Aussi, dans les
colléges, on a loué, sans discernement, ce
Romain pour s'être abstenu d'une violence dont l'un de nos honnêtes sergens
rougirait aujourd'hui de se rendre coupable ;
et cela, nous le répétons, parce que les
femmes, chez nous, sont entrées plus avant
dans la vie réelle qu'elles ne le faisaient
chez les anciens. J'ajoute peu de foi aux

passions subites : dès qu'on les admet, on est obligé de les réduire à ces goûts vifs et impétueux, dont les Grecs ont porté le joug en sacrifiant à Vénus terrestre. Chez nous, au contraire, l'amour ne devient si souvent indomptable que parce que nous en avons fait une affaire de réflexion. Quand on a prêté à un objet des beautés morales, des beautés de sentiment, quand on les a appliquées à la présence des formes que l'on se plaît à ceindre d'un regard caressant, comment les transporter ailleurs ? De force, c'est là qu'il faut que la vie s'attache, ou c'est là qu'il faut qu'elle s'éteigne.

Sans doute le sculpteur Pygmalion était réduit à cet état cruel et doux à la fois, lorsque les dieux, touchés de son amour, suivant les chroniques grecques, se décidèrent à douer de sentiment le marbre, œuvre sublime, œuvre ravissante de ses mains.

La statue existait déjà, consacrée par les suffrages des artistes et l'admiration des siècles : c'est la Vénus de Médicis. Pyg-

malion pouvait aussi bien l'avoir faite, que
Cléomènes, auquel on l'attribue ; et nous
louons M. Girodet de s'en être emparé.
D'ailleurs il se l'est rendue propre en lui
donnant la vie. C'est la même pureté de
formes ; c'est la même grâce de contours :
la tête seule est changée, parce qu'il fallait que Galatée prît la place de Vénus.
L'artiste lui a conservé la modestie dont
elle tirait son principal caractère ; car, si
la chose n'est pas d'une vérité absolue dans
l'ordre des sensations, il faut au moins,
pour atteindre à l'idéal de la beauté, que,
dans la création d'une femme, le premier sentiment soit donné à la pudeur.
Mais celle-ci a été habilement tempérée
par un léger sourire qui permet à l'amour
d'espérer une victoire. L'amour ! il est
l'auteur du miracle, et il ne pouvait tra-
vailler contre lui-même. Que de convenances ont donc été ménagées dans cette
double expression ! L'œil de Galatée n'est
qu'entr'ouvert ; les paupières sont encore
abaissées, mais on voit qu'elle va les soulever. Cette tête est pleine de charmes

dans sa volupté timide et décente. Le prodige de l'animation parcourt déjà ce beau
corps ; il a fait palpiter le sein ; il a laissé
sa trace sur les appas les plus secrets ; il
est descendu aux jambes ; il va les enlever
à la pierre qui, de degrés en degrés,
s'assouplit et se colore. Galatée est encore
marbre, mais elle est déjà femme ; mais
on sent qu'elle ne tardera pas à recevoir
la plénitude de la vie. La seule crainte
que l'on éprouve, c'est qu'elle ne soit ré-
servée à une sphère supérieure. Le pinceau
l'a fait participer à une nature si épurée,
il l'a tellement douée de grâces, que l'on
se demande si elle se contentera d'un sort
ordinaire. Pour se servir des termes consacrés par un poëte, on craint qu'elle ne
se réveille déesse. Cette question n'en est
plus une, cette crainte est dissipée, quand,
quittant à regret les formes les plus sédui-
santes, on jette les yeux sur un petit
Amour, tel qu'en dessinait Cipriani, qui,
d'un côté, prend une des mains de Galatée (non pas celle qu'un sentiment de
pudeur avait portée à la hauteur de la

gorge), et de l'autre, se saisit du bras de Pygmalion. Voilà le lien de la composition.

Cet Amour tout nu, dont les ailes sont peu apparentes, car il est venu pour serrer des nœuds durables, se soutient naturellement par l'action même à laquelle il se livre. En suspens entre la statue et l'artiste, foyer de lumière pour tous les deux, il éclaire principalement celle-ci, dont le corps se dessine avec harmonie sur un nuage de vapeurs qui s'élève du trépied, où le délire de la passion dépose chaque jour l'encens réservé aux immortels. Charmante allégorie ! c'est le contact de l'amour qui, comme le feu de l'étincelle électrique, a donné l'ame à la statue !

Une draperie de pourpre retombe de l'une des épaules du jeune sculpteur ; son visage, vu de profil, brille de l'ivresse de la joie, décèle le tourment du désir, et laisse percer en même temps l'inquiétude du doute. Presque effrayé du prodige qui s'opère en sa faveur, mais redoutant encore plus qu'il manque de réalité, le cou tendu en avant, il veut mettre fin à une trop longue crise, il veut savoir, à tout prix, s'il n'est pas le jouet d'une illusion dont la découverte le tuera peut-être; il va palper. Car, en admettant que les aperçus aient besoin d'être rectifiés par le toucher, c'est surtout en fait d'amour que l'autorité de celui-ci doit être reconnue.

S'il était donné à la peinture de s'emparer à la fois de deux instans, soyons-en assurés, nous verrions sa main frémir; ainsi que ses lèvres sont entr'ouvertes, nous verrions sa poitrine pantelante soulever le vêtement qui la couvre.

J'ai parlé de l'œuvre de M. Girodet, et, en admirant la science de son pinceau, j'ai été réduit à gémir sur l'impuissance de ma plume; j'ai reconnu qu'il avait une riche palette à sa disposition, et je me suis trouvé pauvre au milieu de la pompe d'une langue illustrée par les grands génies des deux derniers siècles. M'accuserais-je seul de cette pénurie? Non; ici la séduction s'opérant par les sens, on ne saurait la faire passer dans l'ame que par les sens eux-mêmes. Il me faudrait donc faire un tableau avec des paroles, comme l'artiste français en a fait un avec des couleurs. Il faudrait suivre, sous sa touche, ce premier travail d'une nature qui cherche à s'organiser au sein de la matière soustraite à l'inertie ; il faudrait simuler cette demi-transparence des fluides qui, courant dans des routes nouvelles, y font poindre l'esprit destiné à vivifier de belles formes ; il faudrait saisir sur une tête ravissante, la pensée prête à éclore, car le sentiment y est déjà.... Je m'arrête. *Girodet* a transporté le marbre sur la toile ; d'un même coup il a dompté deux élémens rebelles, et je ne suis pas *Rousseau* pour reproduire de tels prestiges !

Vous me demanderez si le tableau, dont je vous entretiens, est sans imperfections ? Je ne le crois pas. J'ai loué avec justice. Je n'atténuerai pas cet éloge qui n'a rien d'exagéré ; mais il me donne le droit de hasarder quelques observations, puisqu'avant tout il faut raisonner son jugement.

Or, voici ce que je pense : ce tableau
n'a pas été conçu d'un seul jet. L'idée,
très-heureuse, de l'Amour qui tranche le
nœud, ainsi qu'il appartient aux divinités
d'intervenir dans les intrigues trop épineu-
ses, ne s'est offerte qu'après coup à l'artiste. Cet Amour est charmant : mais il
est un peu mignard ; des jours s'élancent
de la surface de son corps, dont les jambes,
croisées en arrière, ne sont pas dépour-
vues de prétentions : mais il ne sont pas
les seuls, et c'est un tort à notre avis.
Galatée, Pygmalion frappés de la seule
lumière qui s'échapperait de la surface
du dieu-enfant, eussent été d'un plus
grand effet! Cette hardiesse n'eût pas été
téméraire sous le pinceau de M. Girodet.
Des artistes célèbres en ont donné l'exemple. Si je ne me trompe, on la retrouve
dans des Nativités de Baroche, du Poussin
et de Rembrant. On cite surtout, en ce
genre, la *fameuse Nuit* du Corrége, que
l'on voit à Madrid. Nous n'avons pas besoin
de dire qu'une telle idée ayant été admise,
pour éclairer toute la composition, l'A-

mour eût dû être placé autrement qu'à fleur de terre.

En manière de doute, je me permettrai encore de demander si le vêtement de pourpre ne colle pas, à trop petits plis, sur le corps de Pygmalion, et si la tête de celui-ci n'est pas un peu forte? j'irai même jusqu'à trouver son bras et son épaule découverte un peu roses. Que j'aie tort ou raison dans mes remarques, mon sentiment particulier me porte à dire que la *Galatée* est un des tableaux les plus beaux qui, depuis plusieurs années, soient sortis de la palette de nos artistes. Voilà une forte réplique à ceux qui accusent l'École française de dégénérer!

LETTRE XVII ET DERNIÈRE.

MM. SCHNETZ, PICOT, BERGERET, PRUD'HON, SWAGERS, AULNETTE-DU-VAUTENET, BOUCHET, MOENCH, DE MARNE, BOUTON, TRIMOLET DE LYON, BONNEFOND, *idem*, BONY, *idem*, GENOD, *idem*, HIRN, VAN-OS, BERJON, LAURENT, SAINT, MARICOT, PONCE-CAMUS, BLONDEL, COUDER, HORACE VERNET, GAILLOT ; Mmes DABOS, BERGER, SERVIÈRES, BRUYÈRE, JACOTOT ; Mlles SOHIER, MULLER, MAUDUIT.

Le grand nombre de tableaux qui figurent dans l'exposition de 1819, me rendra coupable de plusieurs oublis, et je sens bien, mon vieil ami, que s'il m'est difficile de les prévenir, il me sera bientôt impossible de les réparer. Des compositions historiques, remarquables soit par l'expression, soit par le coloris ; de charmans vases de fleurs, de jolis tableaux de genre, quelques dessins et quelques miniatures agréables n'auront pu trouver place dans mon examen. Vous ne vous en plaindrez pas, vous qui n'aurez parcouru ni la salle ronde, ni la salle carrée, ni la galerie d'Apollon, ni la grande galerie, dont les murailles couvertes des chefs-d'œuvre des Rubens et des Poussin, aux deux tiers, sont masquées par les productions bis-annuelles de nos artistes; mais ceux-ci n'auront-ils pas le droit de m'accuser, près de vous, de négligence ? Les voyageurs bretons, qui vous visitent dans votre ermitage, ne vous diront-ils pas d'un air grave et prétentieux, que votre correspondant, par ignorance ou mauvaise volonté, vous a soufflé *du bon, du très-bon.*

Comment faire toutefois ? Je ne pouvais vous parler de 1206 cadres bien comptés, non compris les nouveaux venus et ceux qui figurent sous le même numéro (c'est-à-dire plus de 1700), sans vous fatiguer d'une nomenclature à laquelle j'eusse été obligé de me borner, et qui eût été tout au plus accompagnée d'épithètes toujours insignifiantes, quand on n'en donne pas le motif. Dès-lors, il m'a fallu procéder à un choix quelconque. On m'objectera qu'au lieu de chagriner plusieurs artistes de ma critique rigoureuse, j'eusse bien pu leur accorder un oubli moins affligeant pour leur amour-propre, et consacrer mon temps et mon papier à l'analyse des tableaux que je reconnais dignes de quelque attention. Il y aurait erreur ou manque de bonne foi dans l'expédient proposé. Prétendre vous donner une idée du Salon et de la situation de l'École, sans vous parler de la fausse route dans laquelle se jettent certains élèves, serait un projet contradictoire à lui-même. D'ailleurs j'ai pensé que le nombre immense des tableaux obligeait à une plus grande sévérité. Si les deux dernières années avaient été peu productives, c'eût été peut-être le cas, par une indulgence bien entendue, d'encourager nos auteurs dans une carrière qui, pour eux, eût semblé avoir peu d'attraits. Mais il n'en est rien. Nous ne manquerons pas de peintres ; l'essentiel est que l'École se soutienne, et même qu'elle se perfectionne.

Cependant, voulant atténuer un reproche auquel je ne puis me soustraire en totalité, je vais vous parler de plusieurs tableaux qui, par quelque côté notable, se recommandent au public. Ma visite d'avant-hier au Salon leur a été consacrée. En passant devant un certain nombre, je me suis accusé plus d'une fois. de mon silence. Puissé-je, au moyen de deux ou trois traits rapides, caractériser leurs beautés et leurs défauts !

Le *Samaritain* de M. Schnetz présente une grande vérité de chairs et une chaleur de coloris remarquable. Le corps du blessé de Jéricho est d'une belle étude. Nous craignons qu'il ne soit un peu long comparativement aux cuisses et aux jambes. Le fond de paysage nous semble trop négligé.

Le *Jérémie*, du même, pleurant sur les ruines de Jérusalem, a de la vigueur. En faisant participer, par de fortes teintes, le prophète à cette scène de désolation, l'artiste lui a imprimé son véritable caractère (1026, 1027).

Une partie des reproches intentés à *la Mort de Saphira*, s'adresse plus au Nouveau Testament, qu'à M. Picot, auteur de cette composition. Ce n'est pas la faute de ce dernier, si la physionomie de St. Pierre a pris, sous son pinceau, une grande austérité. L'acte même de celui-ci la réclamait impérieusement. Jésus fut plus indulgent envers cet apôtre. Cela prouve qu'il vaut mieux avoir affaire à Dieu qu'à ses saints. Le corps de Saphira morte est bien jeté ; la femme âgée qui lui prend le bras, offre un bon caractère de tête. Si les autres personnages étaient un peu plus occupés de ce qui se passe sous leurs yeux, cette production ne mériterait que des éloges.

Tout en convenant que le tableau de *Renaud et Armide*, de M. Bergeret, est une erreur de cet artiste, sous le rapport des jours, du dessin et du ton de couleur, nous n'aurons pas à nous reprocher de n'avoir pas remarqué son *Philippe*

Lippi qui, esclave en Barbarie, crayonne
sur la muraille, avec du charbon, le portrait de son maître, si heureusement que
celui-ci, frappé d'une ressemblance reconnue de nous-mêmes, donne la liberté
à son captif. Nous dirons encore que le
Service funèbre du Poussin renferme une
scène touchante, traitée avec un talent
qui rentre, jusqu'à un certain point, dans
le genre historique.

Ce n'est pas en courant qu'il est permis d'examiner les ouvrages de M. Pru-
d'hon : aussi son *Assomption* a-t-elle plus
d'une fois provoqué notre examen. Placée
au milieu d'un groupe d'anges, qui l'accompagnent plus qu'ils ne lui servent de
supports, Marie a cessé d'appartenir à la
région terrestre. Ici la direction est suffisamment annoncée par l'air de tête de la
figure principale et la tension de jambes
de toutes les autres, chez lesquelles les
orteils, séparés des doigts de pieds, accusent un jeu musculaire, tel qu'il aurait
lieu dans toute personne qui, par sa propre force, chercherait à s'élever dans le

vide. Pour ne pas altérer la pureté des formes, cet effort ne demandait qu'une indication légère, et c'est ce que l'artiste a très-habilement compris. Comme nous l'avons déjà donné à entendre, Marie devait diriger son regard vers les lambris célestes, séjour de l'ineffable famille à laquelle elle a été aggrégée ; au contraire les esprits, qui la suivent dans son ascension, devaient avoir les yeux fixés sur l'épouse, gage d'alliance entre le ciel et la terre, qu'une puissance surnaturelle ravit à la tombé et rend à l'amour divin. Ces choses ont été encore senties par l'artiste. Les jambes de ses anges s'arrondissent et s'évident avec grâce ; leurs têtes sont telles qu'il en sortait du pinceau d'Angélique Kauffman, pour le burin de Bartolozi. Voilà la tâche la plus facile, celle de l'éloge, acquittée ; faisons maintenant la part de la critique.

Quoiqu'on le voie de bas en haut, c'est-à-dire en raccourci, le visage de la Vierge me semble bien court ; les yeux, très-grands, s'y fondent trop avec la partie

supérieure de la joue, et prennent ainsi
une apparence larmoyante ; la gorge est
trop descendue, et même trop peu accusée
sous le vêtement. Marie a été rendue aux
grâces de la jeunesse ; Marie est rentrée
dans tous les honneurs de son sexe et de
son élection ; elle est redevenue la plus
belle des femmes : pourquoi ne lui en avoir
pas conservé le charme le plus touchant,
celui qui rappelle sa qualité de mère,
celui à l'aspect duquel le vice lui-même
n'oserait alarmer la pudeur ? Les Raphaël, dans leurs madones, les Corrége,
dans leurs Magdeleines, les Guide et les
Carrache, dans leurs *Charités*, n'ont eu
garde de priver leurs figures de cet attri-
but distinctif. Il n'est pas de nudité qu'un
pinceau adroit parvienne mieux à rendre
décente, et ici M. Prud'hon pouvait se
permettre beaucoup sans compromettre le
sien, du moins si nous ne nous trompons
pas sur ce que doit être une *Vierge* peinte
par un grand maître.

Je demanderai encore pourquoi la plus
belle d'entre les femmes éclipse si peu, en

beauté, tout ce qui l'entoure, que volontiers on prendrait, à la droite ou à la gauche du tableau, un visage quelconque pour le mettre à la place du sien? J'irai jusqu'à reprocher à l'artiste d'avoir soulevé les vêtemens de ses anges avec une sorte de symétrie, tandis que le jeu des étoffes doit toujours être en sens inverse de l'action des personnages : c'est-à-dire qu'elles doivent s'enfler dans la chute et se modeler sur les corps dans l'ascension. Une telle remarque est d'autant mieux fondée, que l'artiste pouvait profiter de ce mouvement pour offrir à l'œil des formes presque éthérées, à l'exemple de Reynolds, dans quelques-unes de ses apothéoses si connues, où brille *l'angélique humain*, cette fusion des deux natures dont parle Fielding, quand il veut ennoblir la nôtre. J'ai demandé beaucoup à M. Prud'hon, parce qu'il est du nombre de ceux dont on a droit de beaucoup exiger.

Je me suis promis de la concision, et voilà qu'un seul tableau m'enlève trois grandes pages, sans que je les regrette, car il vallait la peine de cet examen. Par forme de compensation, je vous dirai, en deux mots, que les *Liseuses* de madame Dabos sont bien blanches et bien roses (256, 257); que les paysages de M. Swagers ont trop de mollesse dans les lointains et trop de crudité dans les premiers plans, ce qui provient d'un *faire* expéditif; que *la Repasseuse et la Savonneuse* de mademoiselle Sohier eussent voulu une touche plus fine et plus légère; que *les deux jours et les deux ans de mariage*, de madame Berger, ont beaucoup d'affinité avec la peinture sur porcelaine, quand elle n'est pas exécutée par madame Jacotot. A quelques égards, on pourrait adresser le même reproche à M. Aulnette-du-Vautenet, pour son *Départ* et son *Retour du Pélerin*. Cependant ces deux morceaux sont agréablement traités : le premier renferme une tête de vieille si frappante de vérité, que l'on est tout étonné de la trouver là. Pour peu que l'auteur soigne son dessin, nous ne doutons pas qu'il ne

prenne rang parmi nos bons peintres de
de genre. Mademoiselle Muller s'est exer-
cée, non sans succès, sur deux sujets
dont un s'est déjà revêtu d'une teinte bien
sombre sous la plume d'Anne Radcliffe
(854, 855).

Une Idylle de Gessner a fourni à
M. Bouchet l'occasion de peindre avec
goût une jeune fille occupée à se regarder
dans un ruisseau. Elle a raison, car elle
est jolie ; mais du bout du pied, elle agite
la glace mobile et fait disparaître son
image, au grand regret d'un berger qui
survient et qui voudrait jouir du même
spectacle. Il y a de la grâce, peut-être
quelque prétention, dans la jeune fille.
Le dessin en est pur ; ses chairs ont de la
rondeur et de la vie, et la transparence
de son vêtement est agréable. L'expression
donnée à son amant est trop boudeuse à
notre avis. Le fond de paysage n'est pas
heureux.

Le même auteur nous a donné *Hazaël
rendant Mentor à Télémaque, la Clémence d'Auguste* ; et il a porté dans ces

mâles conceptions, toute la mollesse du genre pastoral, auquel nous lui conseillons de se tenir, persuadés que la nature de son talent serait déplacée ailleurs. Ne vaut-il pas mieux tirer des sons doux, et même un peu modestes, d'une flûte champêtre, que d'emboucher avec d'impuissans efforts la trompette des héros?

M. Moench s'est élevé à une plus grande hauteur, en répétant, dans un tableau de chevalet, le trait si connu de Diane surprise au bain par Actéon. La déesse est bien irritée; cachée en partie par quelques-unes de ses compagnes, qui se groupent autour d'elle, de son bras levé elle menace le téméraire dont elle n'a pu éviter les regards. Cette figure serait très-correcte, si la ligne qui, du même côté, descend de l'aisselle, ne nous semblait trop droite dans sa prolongation. Nous voudrions que quelques méplats y eussent été épargnés. Les diverses attitudes des suivantes de Diane donnent lieu à des développemens de formes, telles qu'en a fait naître le pinceau de Vander-Verff. Il

serait digne de ce maître le corps de la
nymphe qui, sur le premier plan, à la
gauche du cadre, se montre par le dos.
Dans quelques parties, il irait même jusqu'à rappeler la *Bacchante* d'Annibal
Carrache, si les chairs n'en étaient un peu
trop animées. La femme qui tient, devant
la divine chasseresse, une draperie jaune,
dans quelques parties, est d'un meilleur
ton de couleur; elle est parfaitement coiffée
ainsi que Diane elle-même (841).

Madame Servière et mademoiselle Mauduit réclament notre attention : l'une,
pour *Blanche de Castille* qui, pendant la
minorité de son fils, délivre les malheureux enfermés dans les cachots de l'offi-
cialité de Chastenay ; l'autre, pour le
*Débarquement d'Henriette, petite-fille
d'Henri IV*, sur les côtes de France.

C'est un acte de patriotisme, de la part
de madame Servières, que d'avoir cherché un sujet de tableau dans le coup
porté, par une grande reine, au pouvoir
monacal. Son talent a secondé ses intentions. La douceur et la dignité se mêlent

sur le front de Blanche de Castille; l'expression de la reconnaissance triomphe de l'abattement et de la douleur physique, sans en effacer l'empreinte, sur les visages des pauvres serfs, devant lesquels le simple contact du sceptre royal, entre les mains d'une femme, fait tomber la porte des cachots. Bel exemple de l'emploi du pouvoir légué à ses successeurs par la mère de l'un de nos rois! Ici, les victimes de la cupidité du chapitre de Chastenay forment des groupes pleins d'intérêt, sur le seuil et au bas des degrés de leur prison; plusieurs tournent les yeux vers le jour dont l'éclat les blesse. L'effet de ce tableau est touchant, et, à quelques inexactitudes de dessin près, il ne mérite que des éloges.

Marguerite d'Écosse, du même auteur, donnant un baiser sur la bouche à Alain Chartier, en témoignage d'estime pour son talent d'homme de lettres, eût demandé quelque chose de plus distingué dans son expression de physionomie.

Nous accorderons notre suffrage à plusieurs parties de la composition de mademoiselle Mauduit. Sur le premier plan de son cadre, on distingue des groupes bien jetés. Ses caractères de tête sont vrais ; le ton de couleur en est chaud. Nous avons particulièrement distingué, à raison de leur naïveté, ou de la fermeté avec laquelle elles sont touchées, toutes les figures qui tiennent à la chaumière près de laquelle est débarquée Henriette de France. Mais nous dirons également que l'expression de cette reine se ressent peu de cette mélancolie mêlée d'attendrissement, dont elle devrait recevoir l'impression en mettant le pied sur la terre natale ; nous croyons qu'à peine échappée aux recherches des Anglais, elle devrait paraître plus sensible aux hommages des bons paysans bretons. Sa coiffure, tout son costume ressemble trop à une parure, contre toute probabilité, puisque embarquée secrètement à bord d'un vaisseau, poursuivie à coups de canon par ses ennemis, elle dut se jeter à la hâte dans une chaloupe qui prit terre entre des ro-

chers. Nous demanderons à mademoiselle
Mauduit si un certain oubli de ces soins
personnels, dans le malheur des grands,
n'a pas aussi son éloquence? Il est vrai
qu'il oblige alors l'artiste à donner des
traits plus relevés à ses personnages ; car,
comme nous l'avons déjà dit, il ne faut
pas que, même sous les livrées de la misère, Ulysse soit confondu avec Irus, ni
Bélisaire avec un invalide des gardes pré-
toriennes. Au reste, ainsi attifée, Henriette a plus de roideur que de dignité ;
nous ajouterons que la teinte bleue de sa
robe se répand sur tout ce qui l'approche,
et est d'un effet moins agréable que si la
même couleur, franchement décidée,
avait été celle de ses habits. Le costume
des paysans bretons n'a pas seulement été
soupçonné par mademoiselle Mauduit, qui,
en cela au moins, ne récusera pas notre
tribunal.

Vous trouverez, sous le n° 318, un des
plus jolis tableaux que l'on doive à la palette de M. de Marne. S'il fallait s'y at-
taquer à quelque chose, je souhaiterais

que l'eau de son *Canal de Briare* fût un peu moins bleue. Les hommes, les animaux, les arbres et les fabriques, sur cette toile, sont traités dans le genre qui leur est propre. Nous avons vu plusieurs ouvrages de cet auteur fécond, et nous n'en connaissons aucun qui lui doive être préféré, pas même sa *Sortie de la Ferme* et sa *Rentrée à la Ferme*, qui sont d'une dimension beaucoup plus grande, et dans les figures desquels son pinceau semble avoir cherché à saisir la manière de Greuze.

M. Bouton peint toujours les ruines, les voûtes, les colonnes, les vitraux, et les jours auxquels ces derniers donnent pas-sage, avec une grande vérité d'imitation. Le *Saint Louis au tombeau de sa mère* et l'*Intérieur de l'église de Montmartre* en portent témoignage. Plusieurs jeunes artistes marchent sur les traces de ce maître, et il faut convenir que, dans le nombre, il en est qui le copient assez heureusement. Il y a quarante ans que de pareils tableaux eussent été sans prix :

il est vrai que, depuis cette époque, l'art a fait des progrès rapides : mais ce n'est pas un motif pour dédaigner ce qu'une meilleure entente de procédés nous procure à moins de frais aujourd'hui.

Il s'est formé, à Lyon, une école qui déjà se distingue par des tableaux de genre sur lesquels le public arrête les yeux avec plaisir. MM. Trimolet, Bonnefond, Bony, Genod, auxquels on doit divers sujets d'une conception simple et souvent spirituelle, en soutiendront la renommée.

Nous avons particulièrement noté deux compositions de ce dernier auteur, remarquables par le ton de vérité qui y brille : *le petit Malade* et *la bonne Mère*, sous les numéros 504 et 505.

Parmi les peintres de genre, il y aurait injustice de notre part, si nous ne citions honorablement M. Laurent. On lui doit le joli tableau de *Cendrillon* essayant la pantoufle. L'admiration un peu niaise du prince qui assiste à cet essai, le dessin facile de l'une des sœurs qui se rechausse, et le dédain mêlé de dépit de l'autre, tandis que Cendrillon les éclipse toutes les deux par sa grâce modeste, font de cette petite composition un sujet très-agréable. Le fini des personnages n'y laisse rien à désirer. L'*Enfance de Duguesclin*, du même auteur, n'est pas dépourvue de mérite. La mère du héros, à notre avis, manque de noblesse, sans doute parce que cette figure est un peu trop ramassée.

M. Saint a exposé le portrait en pied d'un homme vêtu de noir, près de son bureau, et qui réunit, à une grande perfection de travail, une vérité d'expression remarquable. La miniature, traitée dans cette dimension, semble sortir avec gloire de la sphère étroite où l'on prétend la reléguer. Déjà M. Isabey avait fourni l'exemple heureux d'une telle hardiesse. M. Maricot, non sans succès, a pris le même essor. Son *Mendiant* assis sur un banc de pierre et ayant à côté de lui une petite fille endormie, mérite des éloges, tant pour le caractère de tête donné au vieillard, que pour l'exécution de ses mains et la naïveté de l'enfant, dont la grâce perce à travers la demi-teinte où cette dernière figure est placée.

Qu'il nous soit permis d'exprimer ici nos regrets de ne pouvoir consacrer au moins quelques feuillets à l'examen des tableaux de fleurs, aimables copies d'une nature qui, chaque jour, à la ville comme à la campagne, dans l'intérieur des appartemens comme dans le coin de terre le plus ignoré, reçoit également des hommages! En effet, si la rose mousseuse, si l'oranger superbe brillent, chez les grands, entre les statues et les candelabres, il n'est pas non plus de si pauvre artisan qui, sur la croisée d'un entresol, ou la lucarne d'un grenier, ne cultive quelque arbuste chéri, innocente distraction de son travail, et bien des fois unique compagnon de sa solitude. Nous avons déjà accordé à MM. Van-del et Van-Spaendonc le tribut de louanges auquel ils ont droit pour leurs étonnantes imitations; mais il nous reste encore à nous acquitter d'une dette bien légitime envers madame Bruyère, MM. Hirn, Van-os et Berjon. Ce dernier fait parler, en sa faveur, plusieurs titres nouveaux, qui tous, à l'exception d'un seul, méritent nos suffrages. C'est le numéro 65. Il nous a semblé que ce tableau, dont quelques parties rappellent le célèbre Van-Huisum, par la malheureuse apposition d'un rideau vert à une croisée, se ressent de l'effet que produirait un fragment de tenture en papier peint et vernissé.

Le refus du jury d'admettre au Salon le tableau de M. Ponce-Camus, a fait bruit : c'est une raison pour que je vous en parle. Vous n'ignorez pas quel sujet s'était proposé l'artiste? *Alexandre visitant l'atelier d'Apelles*, nous donnait déjà une preuve de goût. D'un côté, c'était un groupe d'élèves et de philosophes, parmi lesquels on distinguait quelques têtes d'une bonne expression ; de l'autre, des femmes qui servaient de modèles à l'artiste, et auxquelles leur état de nudité permettait de montrer ou de chercher à cacher des formes agréables; au milieu de la toile, le héros s'avançait vers Apelles, laissant

derrière lui ses gardes et une foule de soldats et de peuple groupés sur son passage. Cette vaste composition, qui a fixé
nos regards chez le peintre lui-même, était
assez bien entendue, sans être exempte
de reproches. Un défaut de stature et un
double mouvement qui se contrariait dans
l'Alexandre, obligeait à refaire cette figure. On a prétendu que des allusions,
trop faciles à saisir, avaient motivé l'ostra-
cisme de ce tableau : je puis attester qu'il
n'en est rien; mais je serais tenté de me
demander avec son auteur, pourquoi, lorsque le Salon a ouvert ses portes à plus
d'un cadre d'une insigne médiocrité, il a
été plus rigoureux envers un ancien élève
de l'un des premiers maîtres de l'École,
qui désirait avoir le public pour juge de ses
efforts dans une entreprise très-dispen-
dieuse? Que M. Ponce-Camus épure le
dessin de son tableau, qu'il y ennoblisse
quelques têtes, et qu'il nous le présente
ensuite en 1821! Telle est la réponse
qu'il doit à ses juges comme à lui-même.

Après avoir été sévères envers *l'As-*

somption de M. Blondel, il nous est agréable d'avoir à parler plus avantageusement d'une nouvelle production de son pinceau, apportée depuis peu de jours au Salon. C'est un tableau de chevalet, où est retracé l'acte si connu de Philippe-Auguste avant la bataille de Bouvines. La scène se passe sous une tente. Le prince, posé avec noblesse sur le premier degré de l'autel, y montre de la main la couronne d'or qu'il propose au plus digne. Les personnages de la gauche, les enfans-de-chœur, l'officiant dans la demi-teinte, le diacre en dalmatique, vu par le dos, sont d'un effet agréable ou vigoureux, selon leurs divers caractères. Les guerriers debout, en face de l'autel, sont représentés au moment où ils répondent, avec acclamation, aux paroles de leur roi ; quelques-uns ont la bouche entr'ouverte : quoiqu'une telle hardiesse soit justifiée par de grands exemples, tels que celui du Guide, dans son Saint Jean-Baptiste, et de Jules Romain, dans sa Danse des Muses, nous ne la croyons pas généralement heureuse en peinture. Ces soldats, ces chefs bardés de fer, les bras tendus en avant, ont beau paraître un peu durs de tons, si tel doit être l'aspect, en plein air, d'un homme revêtu de ces anciennes armures, ce n'est pas à nous d'intenter à M. Blondel un procès, dont il se tirerait avec avantage. Cependant nous eussions souhaité qu'au moyen de ses fonds ou autrement, il eût pu adoucir cet effet, même aux dépens d'une rigoureuse exactitude.

Rendons grâce à M. Couder, pour son *Annonce de la Victoire de Marathon* : le guerrier, porteur de cette heureuse nouvelle, tout haletant, tenant une palme de la main droite, et de l'autre son bouclier, vient expirer de fatigue aux pieds des magistrats d'Athènes. Il est parfaitement tombé, et son attitude ne mérite pas moins d'éloges que son expression ; cependant le bruit de la défaite des Perses se répand déjà dans la ville, où il ne reste que des femmes, des enfans et des vieillards. Ces derniers, levant les bras au ciel en signe de reconnaissance, le propagent avec transport; l'encens fume sur les autels; à la gauche du tableau, deux adolescens, frères sans doute, dans leur joie se passent réciproquement le bras sur l'épaule, et offrent un groupe plein d'intérêt, parce qu'il est à la fois bien dessiné et qu'il ne manque pas de sentiment. Du même côté, une femme âgée, d'une figure prononcée avec vigueur, saisissant le bras de sa petite-fille livrée à une douce émotion, semble féliciter cette vierge d'être échappée aux outrages des barbares. De tels épisodes pris dans la nature ne manqueront jamais leur effet. Une autre femme, à la droite du specta-teur, accourt vers le jeune guerrier, dont le dévouement précipite le trépas, mais épargne à sa patrie les angoisses et l'anxiété de l'attente. Nous trouvons que l'expres-sion de cette dernière figure n'est pas assez caractérisée, pour nous permettre d'assurer que l'on voit, en elle, la mère du brave Athénien. On regrette encore d'y chercher vainement le beau profil grec. Le lieu de l'action est bien choisi : ce sont les Propylées. Quelques vieillards, et notamment les magistrats, nous paraissent plutôt étudiés sur l'antique que sur la nature ; la roideur de leurs formes nous autorise à le croire. M. Couder a du talent ; l'*Annonce de la Victoire de Marathon* ne lui fait pas moins d'honneur que son *Lévite d'Éphraïm*; mais nous croyons que, se bornant aux inspirations de sa verve, il néglige un peu trop le modèle.

J'aurais bien envie de quereller M. Horace Vernet qui, par l'exposition d'un tableau très-agréable, fraîchement sorti de sa palette, me force une troisième fois de parler de ses productions. Il va plus vite avec son pinceau que moi avec ma plume. Tout obligé que je sois d'en convenir, voulant chez lui la perfection d'un beau talent, je lui dirai que, toujours plein d'esprit, toujours plein d'intentions, son dernier ouvrage ne me semble pas d'un fini aussi agréable que le précédent. *Le petit Tambour* occupé à panser le barbet, que tient un jeune musicien, est d'une naïveté charmante. Les soins donnés à un pauvre animal, au milieu d'une action très-chaude tandis qu'un officier, dans l'attitude simple et naturelle d'un brave, commande un feu de peloton ; le cadavre dont on n'aperçoit que les jambes, près d'une batterie démontée : tout cela est *vrai* ; tout cela fait réfléchir. Le proverbe, *mieux vaut un chien vivant qu'un empereur mort*, se présente, peut-être même trop naturellement à la pensée. On voit aussi, avec plaisir, dans l'occupation des deux jeunes soldats, que le métier de la guerre n'a pas éteint leur sensibilité native, et l'on reconnaît en eux ce courage qui, se transformant en habitude, leur permet de se livrer à des soins au moins innocens, au milieu des horreurs d'un combat.

Nous eussions souhaité quelque chose de plus achevé dans les traits du tambour. Cependant, nous nous plaisons à le redire : le sentiment y est. Quant au barbet, nous remarquons qu'il y a plusieurs exemples de chiens qui ont fait des charges de plus de deux heures avec leurs maîtres. M. Horace Vernet n'a donc été, en cela, qu'historien véridique.

Il n'est jamais trop tard de chercher à réparer une injustice. Je ne finirai pas ma correspondance avec vous, sans avoir cité honorablement la Conversion de saint Augustin, par M. Gaillot. L'oubli d'un tel tableau tournerait plus contre moi que contre son auteur. A la vérité l'action s'y explique peu, et la pose du principal personnage a quelque chose de théâtral ; mais les deux figures, dont elle se compose, sont bien dessinées, le trait en est vigoureux, l'entente du clair-obscur y est savante, et le coloris n'en mérite que des éloges.

FIN.

TABLE

ALPHABÉTIQUE

DES

NOMS DES ARTISTES

DONT IL EST FAIT MENTION DANS CE VOLUME.

MM.

	Pages.
Ancelot (madame).	204
Aulnette-du-Vautenet.	252
Barigues.	183
Berger (madame).	252
Bergeret.	247
Belmont (mademoiselle).	118, 185
Berjon.	262
Berré.	109
Berthon.	195, 228
Bertin.	119
Blondel.	51, 265

Pages.

BOGUET. 183

BOILLY. 78

BOISFREMONT (DE). 160

BONNEFOND. 260

BONY. 260

BORDIER. 68

BOSIO. 157

BOUCHET. 253

BOUILLON. 87

BOUTEILLER (mademoiselle). 197

BOUTON. 259

BRALLE. 205

BRUYÈRE (madame). 262

CARBONNEAU, sculpteur. 22

CHAUVIN. 182

COGGIOLA, sculpteur. (Avant-propos.) xvj

CORTOT, sculpteur. (*Idem.*) xvj

COUDER. 266

CRÉPIN. 211

DABOS (madame). 252

DAVID. 94-101

DEJUINES. 68

DELAVAL. 165

DELORME. 73

DEMARNE. 258

	Pages.
Desperriers (madame).	199
Drolling.	197
De Romance (madame).	201
Drouillière.	68
Ducis.	88
Dunouy.	119
Duperreux.	117
Feldmann.	116
Fontaine (mademoiselle).	208
Fontaine, architecte.	17
Fragonard.	217, 223
Franque, frères.	131
Gaillot.	270
Gassies.	130
Genod.	260
Gérard.	198
Géricault.	25
Girodet.	157, 235
Granet.	30, 111
Gros.	101, 197
Grossard (mademoiselle).	200
Guérin (Paulin).	45, 57, 203
Guillemot.	84
Hersent.	140
Hirn.	262
Hue, père.	106

Pages.

Ingres. 108

Jacotot (madame). 252
Joly. 172

Kinson. 47
Kolbe. 152

Lagrénée. 70
Lair. 159
Langlois. 229
Laurent. 260
Lebrun (mademoiselle). 208
Lefévre (Robert). 44
Lejeune, général. 136
Leroi. 71
Lesage. 163
Lescot (mademoiselle). 74
Liénard. 77
Lordon. 72

Maricot. 261
Mauduit (mademoiselle). 207, 257
Mauzaisse. 29, 81
Menjaud. 89
Meynier. 212
Michalon. 187
Moench. 254
Muller (mademoiselle). 253

Pages.

PAGNEST (feu).   46
PAJOU.   130
PERNOT.   184
PICOT.   59, 247
PINEAU-DU-PAVILLON.   164
PONCE-CAMUS.   263
PRUD'HON.   248
PUJOL (Abel).   52

QUINART.   178

RAGGI, sculpteur.   22
REGNIER.   173
RÉMOND.   181
RICHARD.   77
ROUGET.   226

SAINT.   261
SCHEFFER.   69
SCHNETZ.   246
SERVIÈRES (madame).   255
SOHIER (mademoiselle)   252
STEUBE.   55
SWAGERS.   252

TAUNAY.   186
TRIMOLET.   260
TRUCHOT.   173

Pages.

Vafflard. 57

Valenciennes (feu). 117

Van-Brée. 111

Van-Dael. 46

Van-Os. 262

Van-Spaendonck. 46

Vaudechamp. 202

Vernet (Carles). 185

Vernet (Horace). 38, 221, 268

Vignaud. 125

Vigneron. 68

Volpélière (mademoiselle). 207

Watelet. 112, 120, 168, 177

Mademoiselle de *** (n° 1589). 206

FIN DE LA TABLE.

NOTICE

DES DIFFÉRENS OUVRAGES

QUI SE TROUVENT CHEZ LES MÊMES LIBRAIRES.

HISTOIRE DE CROMWELL, d'après les mémoires du temps et les recueils parlementaires; par M. Villemain, 2 vol. in-8.   12 fr.

Essai historique sur le règne de Charles II, par Jules Bertevin, pouvant faire suite à l'Histoire de Cromwell, 1 vol. in-8.   6 fr.

Le règne de Louis XI, considéré comme une des principales époques de la monarchie française; par Alexis Dumesnil, 2ᵉ édition, 1 vol. in-8.   4 fr.

Lionel, 2 vol. in-12.   4 fr.

OEuvres d'Anne Radcliffe, contenant la Forêt, les Mystères d'Udolphe, l'Italien et Julia, nouvelle édition, 11 vol. in-12.   30 fr.

Annales littéraires, ou Choix chronologique des principaux articles de littérature insérés par M. Dussault dans le Journal des Débats, depuis 1800 jusqu'à 1817 inclusivement, 4 gros vol. in-8.   28 fr.

Mémoires secrets sur l'établissement de la maison de Bourbon en Espagne, extraits de la correspondance du marquis de Louville, 2 vol. in-8.   12 fr.

De l'Équilibre du pouvoir en Europe, traduit de l'anglais de M. Gould Francis Leckie, par W., 1 volume in-8.   6 fr.

La Nuée sur le Sanctuaire, ou Quelque chose dont la philosophie orgueilleuse de notre siècle ne se doute pas; traduit de l'allemand d'Eckartshausen, 1 volume in-16, fig.   2 fr.

Littérature (de la), considérée dans ses rapports avec les institutions sociales, par madame de Staël, troisième édition, revue et corrigée, 2 vol. in-8. 10 fr.

De l'influence des passions sur le bonheur des individus et des nations, par madame de Staël, nouvelle édition, revue et corrigée, 1 vol. in-8. 5 fr.

Les Chevaliers normands en Italie et en Sicile, par madame Victorine de Chastenay, 1 vol. in-8. 5 fr.

Confessions de madame***; principes de morale pour se conduire dans le monde, 2 vol. in-12. 5 fr.

De la Littérature des Nègres, ou Recherches sur les facultés intellectuelles, sur les qualités morales et la littérature des Nègres, par M. Grégoire, 1 volume in-8. 4 fr.

Commentaire sur le théâtre de Voltaire, par M. de La Harpe, imprimé d'après le manuscrit autographe de ce célèbre critique, et approprié aux différentes éditions de ce théâtre, 1 vol. in-8. 6 fr.

Inductions morales et physiologiques, par A. H. Kératry, 1 vol. grand in-8, seconde édition. 7 fr.

Études sur la théorie de l'avenir, ou Considérations sur les merveilles et les mystères de la nature, relativement aux futures destinées de l'homme; par M. T., 2 vol. in-8. 10 fr.

De l'Existence de Dieu et de l'Immortalité de l'ame, par Kératry, 1 vol. in-12. 2 fr. 50 c.

L'Étude du cœur humain, suivie des cinq premières semaines d'un journal écrit sur les Pyrénées, 1 vol. in-12. 2 fr. 25 c.

Dieu est l'amour le plus pur, ma Prière et ma Contemplation, par Eckartshausen, nouvelle édition in-16, ornée d'une jolie gravure. 2 fr.

Le Rideau levé, ou Petite Revue des grands théâtres, suivi d'une réponse au factum de M. Valubrégue, et d'une Réplique d'un des chefs de son orchestre; nouvelle édition, revue, corrigée et augmentée, 1 vol. in-8. 4 fr.

Fables nouvelles, dédiées à S. A. R. Madame, duchesse d'Angoulême, par M. Jauffret, 2 vol. in-12, ornés de six jolies gravures. 6 fr.

Tableau historique des Nations, par M. Et. Jondot, 4 vol. in-8. 24 fr.

De l'Instruction, ouvrage destiné à compléter les connaissances acquises dans les colléges et les maisons d'éducation; par M. F. C. Turlot, 2e édit., 1 volume in-12. 3 fr.

Tableau de la constitution du royaume d'Angleterre, par G. Curtance, traduit de l'anglais sur la 3e édit., 1 vol. in-8. 6 fr.

Le Moine, traduit de l'anglais, nouvelle édition, 3 vol. in-12. 7 fr. 50 c.

Mémoires d'un Espagnol, ou Histoire de don Alphonse de Perasdo, 2 vol. in-12. 5 fr.

Le Prieuré de Ruthinglenne, imité de l'anglais; par M. J. M. D., traduct. de simple histoire, 3 volumes in-12. 6 fr.

OEuvres de Marie-Joseph de Chénier.

Théâtre complet; 3 vol. in-8, de 400 pages chacun; orné du portrait de l'auteur, publié pour la première fois par ses héritiers; précédé d'une Notice par M. Daunou, membre de l'Institut. 20 fr.
Il y a quelques exemplaires en papier vélin satiné.
Tableau historique de l'état des progrès de la littérature française depuis 1789, 2e édition, 1 volume in-8. 6 fr.
Poésies diverses, 1 volume in-8. 6 fr.
Fragmens d'un Cours de littérature à l'Athénée, 1 vol. in-8. 6 fr.
OEuvres complètes d'André de Chénier, 1 volume in-8. 6 fr.

Précis historique du droit romain, depuis Romulus jusqu'à nos jours; par M. Dupin aîné, avocat à la Cour royale, 1 volume in-18. 1 fr.
Constitutions de la nation française, par le comte Lanjuinais, pair de France; 2 vol. in-8, de 500 p. 14 fr.
Histoire de l'esprit révolutionnaire des nobles en France, sous le 68e roi de la monarchie, 2 vol. in-8. 12 fr.
Anecdotes inédites pour faire suite aux Mémoires de madame d'Epinai, précédées de l'examen de ces mémoires, in-8 de 115 pages. 2 fr.

Histoire de la parole, ou Grammaire universelle à l'usage des jeunes gens; par Court de Gébelin, avec un discours préliminaire et des notes, par M. le comte Lanjuinais, pair de France, commandant de la Légion d'honneur; 1 volume in-8. 6 fr.

Relation du concours ouvert à la Faculté de Droit de Paris, pour la chaire de droit romain, avec toutes les thèses des concurrens et le jugement de la commission; par M. Jourdan, avocat à la Cour royale, 2 volumes in-8. 10 fr.

Du Droit de la puissance temporelle sur le mariage, suivi de la Défense des quatre articles du clergé de France contre les nouveaux anti-gallicans; par M. Tabaraud, 1 volume in-8. 3 fr.

Notice historique sur le tableau représentant l'entrée de Henri IV à Paris, par M. Gérard, peintre du Roi; avec une planche au trait, in-8 75 c.

Essai sur l'emploi du temps, ou Méthode qui a pour objet de bien régler l'emploi du temps, premier moyen d'être heureux, destiné spécialement à l'usage des jeunes gens de quinze à vingt-cinq ans; par M. A. J., membre de la Légion d'honneur, 1 volume in-8. 5 fr.

Esprit de la Méthode d'éducation de Pestalozzi; par M. A. Jullien, de Paris, 2 volumes in-4. 15 fr.

Essai sur l'Ordre, considéré dans l'administration publique et dans les sciences; par Auguste Jullien, sous-inspecteur aux revues, chevalier de Saint-Louis et de la Légion d'honneur, in-8, de 135 pages, avec tableaux. 2 fr. 50 c.

Recherches historiques sur les Congrégations hospitalières des frères pontifes, ou constructeurs de ponts; par M. Grégoire, ancien évêque de Blois, in-8. 1 fr. 50 c.

Dictionnaire des Gens du monde, à l'usage de la cour et de la ville; par un jeune ermite, 3e édition, 1 vol. in-12, avec un appendice et une gravure. 3 fr.

Observations critiques sur l'ouvrage intitulé : le Génie du Christianisme, par M. de Chateaubriand, pour faire suite au Tableau de la Littérature française, par Marie-Joseph de Chénier, 1 vol. in-8. 4 fr.